编程创新应用
从创客到人工智能

马兰　高凯　编著
梦堡文化　绘

化学工业出版社
·北京·

内容简介

从学生的认知能力、思维能力提升的刚性需求出发，融合中国传统文化，结合有趣的漫画故事，引入编程思想，特出版系列图书：《编程初体验：思维启蒙》《编程轻松学：ScratchJr》《编程趣味学：Scratch3.0》和《编程创新应用：从创客到人工智能》。每本书内容自成体系，相对独立，之间又有内在联系，层次分明，内容形式新颖，能够激发学生的逻辑思维和创新思维，从而提升各学科的学习能力。

《编程创新应用：从创客到人工智能》分为上下两篇，分别是小创客的数理化和人工智能了不起，书中用漫画的方式，将编程与电子元器件、传感器、3D打印、物联网、人工智能等内容相结合，深化原理认识，探索利用信息科技手段解决问题的过程和方法。本书寓教于乐，让小读者玩中学，学中体验，是本不错的编程启蒙书。

图书在版编目（CIP）数据

编程创新应用：从创客到人工智能 / 马兰，高凯编著；梦堡文化绘. —北京：化学工业出版社，2023.11
ISBN 978-7-122-44194-2

Ⅰ. ①编… Ⅱ. ①马… ②高… ③梦… Ⅲ. ①程序设计-青少年读物 Ⅳ. ①TP311.1-49

中国国家版本馆CIP数据核字（2023）第180262号

责任编辑：王清颢　周　红　曾　越　雷桐辉　　装帧设计：梧桐影
责任校对：李露洁

出版发行：化学工业出版社
（北京市东城区青年湖南街13号　邮政编码100011）
印　　装：北京宝隆世纪印刷有限公司
787mm×1092mm　1/16　印张5　字数73千字
2024年1月北京第1版第1次印刷

购书咨询：010-64518888　　售后服务：010-64518899
网　　址：http://www.cip.com.cn
凡购买本书，如有缺损质量问题，本社销售中心负责调换。

定　　价：59.80元

写给同学们的一封信

哲学家康德有句名言："人为自然立法。"这句话的意思并非唯心地说人的意志主宰了自然，而是说人的理性智慧与自然形成"共振"，从而认识世界并掌握规律。人类对所掌握的规律进行排列组合，制造出各种生产工具和生活器具，最终对我们的生产生活产生巨大的影响。

我们对所掌握的规律进行排列组合从而达到某种目的的过程，其实就是"编程"。不论是炒菜做饭，还是操场上踢足球，其实都在大脑里发生着"编程"的过程：炒菜对应着开火、倒油、放菜、翻炒、放调料、出锅等环节和相应的时间、火候等；踢足球则对应着判断足球位置、跑动、摆腿、踢球等基本环节的排列组合。

今天，随着计算机技术的快速发展，我们可以利用编程让计算机控制各种执行机构帮助人们完成许多工作，特别是人工智能技术的突破使得机器人的能力大大提升，机器人将会在生产和生活中成为人类越来越重要的帮手。2017年7月，国务院发布的《新一代人工智能发展规划》明确提出"在中小学阶段设置人工智能相关课程，逐步推广编程教育，鼓励社会力量参与寓教于乐的编程教学软件、游戏的开发和推广"。掌握机器人的基础知识和编程的基本技能也成为当代青少年必要的素养，人工智能与编程学习风潮也正在我国大地上形成火热局面。

如何有效有序地学习编程，打好人工智能学习之路的基础，需要好玩有趣，容易上手，知识点讲解有层次清晰的任务和教学导入、教学总结的课程指导书，本系列图书也就应运而生。在本系列图书里，你将了解到编程概念，用漫画故事的形式学习算法概念，之后使用图形化编程工具和Python学习编程基础，最后再通过漫画科普故事的方式了解人工智能应用原理。通过这些工具的学习，你可以循序渐进地了解和掌握编程知识与技能，然后就可以通过程序与硬件的配合体验到物理世界和软件世界的有趣交互。

希望你好好吸收本系列图书的知识营养，在学习过程中勤于思考，尽情发挥你的创意，将你的灵感通过编程付诸实践，然后和全世界的小伙伴们进行探索、分享、创作！

独乐乐，与人乐乐，孰乐？不若与人；与少乐乐，与众乐乐，孰乐？不若与众。你，准备好了吗？让我们一起来吧！

2019年十大科学传播人物　陈征

2023年8月北京寄语

目录

登场人物

姓名：美美

年龄：7岁

家里的“十万个为什么”，喜欢追着哥哥问各种问题，以前喜欢玩手机游戏，现在她更喜欢向哥哥学习如何自己编写游戏啦！

姓名：聪聪

年龄：12岁

编程小达人，机器人爱好者，喜欢编写各种程序控制他的智能机器人和无人机，参加过很多比赛。

姓名：旺旺

年龄：1岁

喜欢骨头，喜欢玩耍，喜欢看美美和聪聪在玩什么，要跟着一起玩！

第一篇
小创客的数理化

不可不知的焊接技术

美美 哥哥，我把遥控汽车拆开了，发现里面有一个奇怪的“板子”，有很多样子、颜色不一样的零件，紧紧地“钉”在上面。

聪聪 哈哈，这些“板子”是印制电路板，上面“钉”着的就是电子元器件啊。

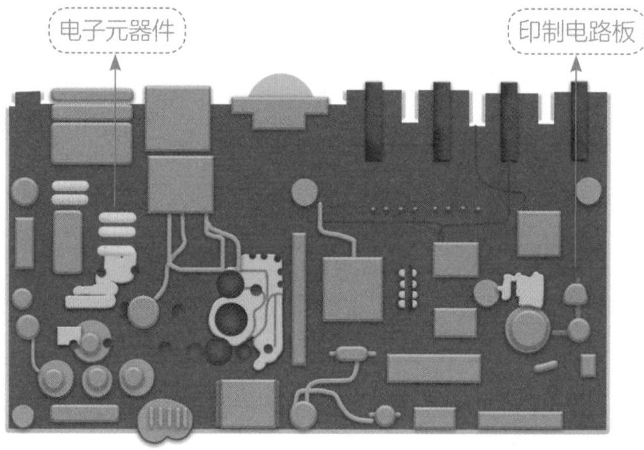

印制电路板

现在常见的电路板叫作印制电路板（以下简称电路板），电子元器件可以安装在它上面。使用电路板来搭建电子制作项目，最大的优点就是可以减少布线和装配的差错。在实际的生产中，也会用到这种印制电路板，它可以提高自动化水平和劳动生产率。

美美 这些电子元器件是怎么“钉”到电路板上的？

聪聪 印制电路板上有很多导电的小孔，这些小孔就是用来固定电子元器件的。电子元器件会有像“铁丝”一样的“小脚”，我们叫它管脚。安装元器件的时候，我们要把它们的管脚从电路板上导电的小孔里穿过去。

聪聪 通常电路板都是针对某种具体的功能定制的，不过还有一种通用型的电路板叫作“洞洞板”或“万能板”。我们用洞洞板和电阻器来演示一下电子元器件是如何被焊到电路板上的，你试试看。

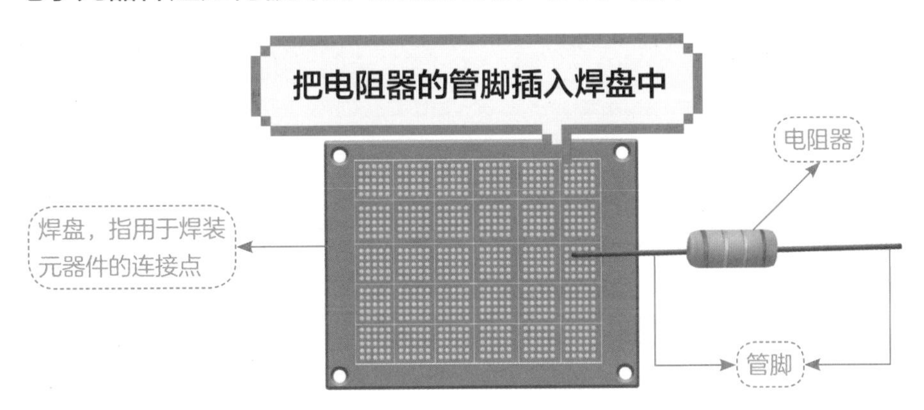

美美 好的。可是，我要让电阻器“躺着”还是“站着”呢？

洞洞板

洞洞板上有很多规则排列的焊盘，这些焊盘之间的间距是标准的集成电路（IC）间距（2.54mm）。这些焊盘彼此独立或两两一组，方便使用的人根据实际情况搭建自己的电路。

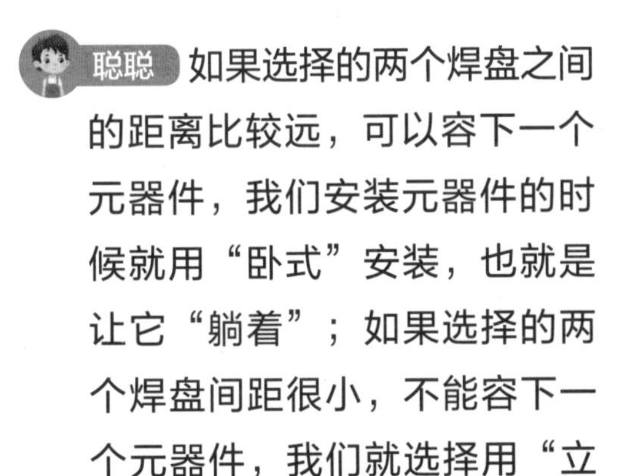

聪聪 如果选择的两个焊盘之间的距离比较远，可以容下一个元器件，我们安装元器件的时候就用“卧式”安装，也就是让它“躺着”；如果选择的两个焊盘间距很小，不能容下一个元器件，我们就选择用“立式”安装，也就是让它“站着”。

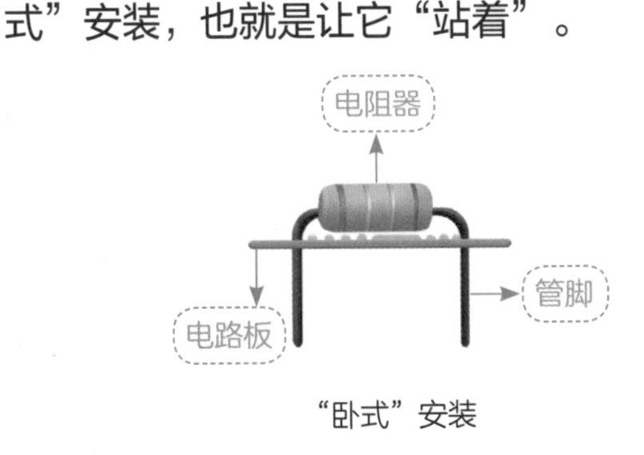

“卧式”安装

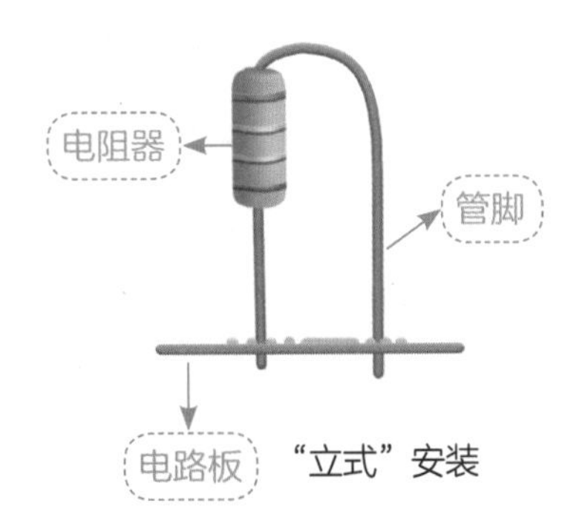

“立式”安装

美美 好了，我把管脚穿过去了。然后怎么做呢？和我看到遥控汽车里电路板上的一个个“小包”不一样啊。

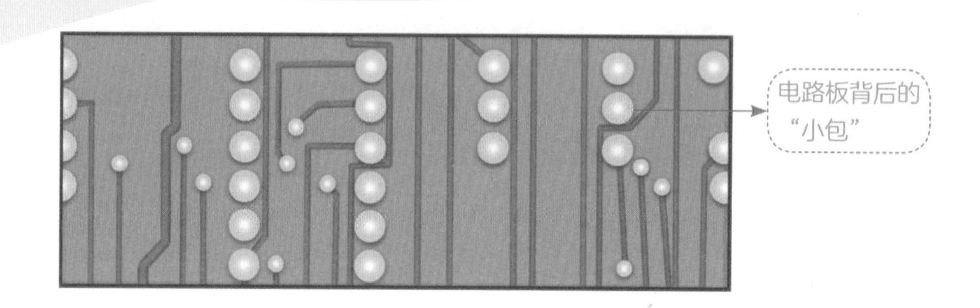

聪聪 这些银色的“小包”是焊点，电子元器件安装到电路板上以后，我们要把它固定住。所以需要把它们的管脚适当剪短，把电子元器件的管脚和焊盘固定在一起，然后使用电烙铁熔化焊锡丝，让它们粘在一起，形成一个银色的焊点。

美美 电烙铁是什么？

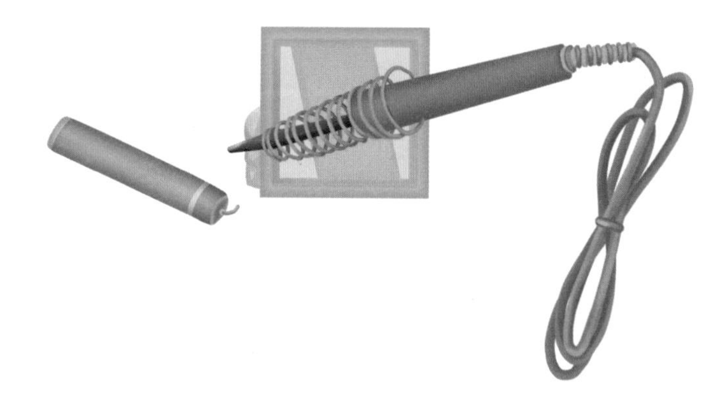

聪聪 电烙铁是电子制作和电器维修的必备工具，主要用途是焊接元件及导线，它的“头”很热，可以熔化焊锡丝。

电烙铁

按机械结构可分为内热式电烙铁和外热式电烙铁，按功能可分为无吸锡电烙铁和吸锡式电烙铁，根据用途不同又分为大功率电烙铁和小功率电烙铁，通常在学校使用30～45W的电烙铁就可以了。

美美 这个电烙铁要怎么拿呢？

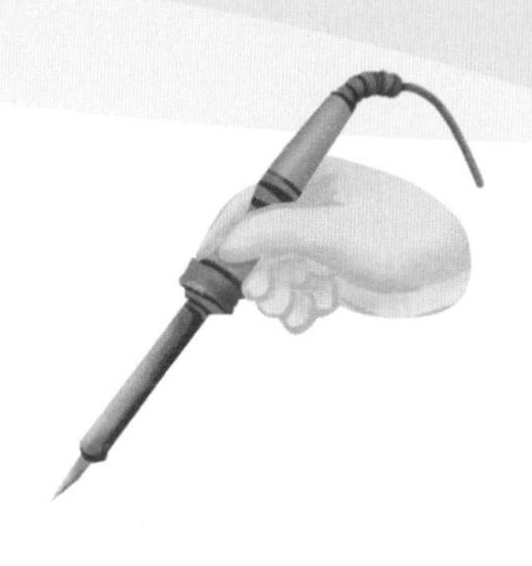

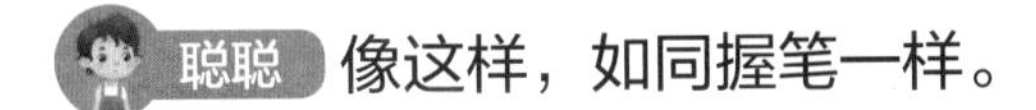

聪聪 像这样，如同握笔一样。

电烙铁的正确使用方法

聪聪 电烙铁要用220V交流电源，使用时要特别注意安全，使用中必须做到以下几点。

1 电烙铁插头最好使用三极插头。

2 使用前，应认真检查电源插头、电源线有无损坏，并检查电烙铁头是否松动。

3 电烙铁使用中，不能用力敲击，还要防止跌落。电烙铁头上焊锡过多时，可以在湿海绵上擦拭。不可以乱甩电烙铁，以防烫伤他人。

4 焊接过程中，电烙铁不能到处乱放。不用时，应放在电烙铁架上。注意电源线不能搭在电烙铁头上，以防烫坏绝缘层而发生事故。

5 使用结束后，应及时切断电源，拔下电源插头。冷却后，再将电烙铁收回工具箱。

创意纸电路

美美 使用电烙铁做电子制作还是有点难呀，有没有更简单的方法呢？

聪聪 哈哈，有一种神奇的电路板，不需要使用电烙铁，它叫“纸电路”。纸电路中用导电胶带代替导线，我们使用时将需要的电子元器件连起来就可以了。

美美 听起来像做手工一样，好有趣，我想试试。

聪聪 别着急，我先讲解一些注意事项吧。你一定听说过LED灯吧？

美美 是呀。

聪聪 LED的中文名字叫作“发光二极管”。从夜晚大街上的广告招牌，到城市公园里的霓虹灯，再到我们家中的节能照明灯，普遍使用了LED灯。

聪聪 和过去常用的白炽灯相比，LED灯更加节能和高效。因为LED灯能够直接将电能转化为光能，不像白炽灯那样产生大量的热，因此它是一种高效的冷光灯。（冷光灯是一种在运转的过程中不会发热的低温光源。）

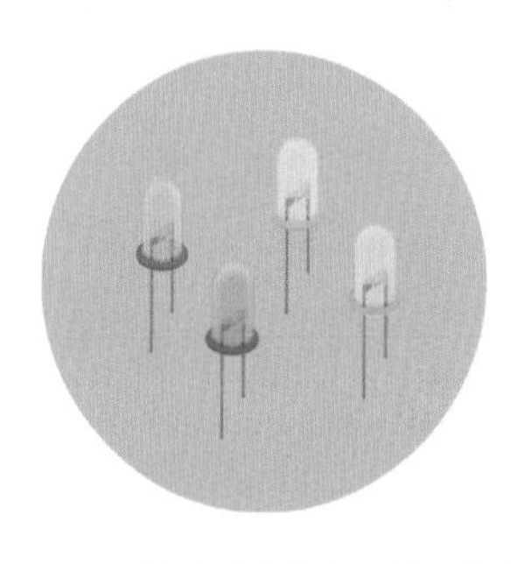

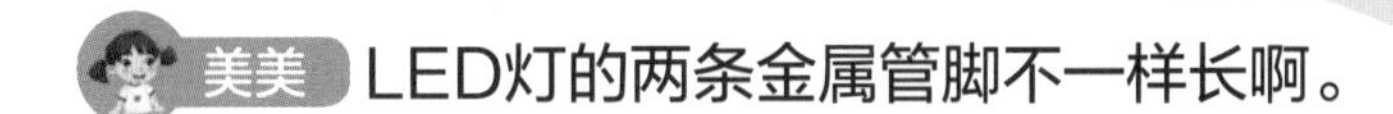

美美 LED灯的两条金属管脚不一样长啊。

聪聪 是的，它是特意这样设计的。长的金属管脚需要和直流电源的“正”极连接，短的管脚和直流电源的“负”极连接，这样LED灯才可以被点亮。

电源

电源是一种向电路提供电能的装置，常见的电源有电池和家用的110～220V交流电源。我们在实验中常用电池作电源，电池有正负极，用“+”“-”号表示。

美美 刚才我已经学过怎样安装电子元器件了，如果我想安装很多个电子元器件，要怎么连接它们呢？

聪聪 它们连接的方式一般分为两种：串联和并联。

串联电路

串联电路就好比一串珍珠项链，串项链的线就像电路中的导线，每一颗珍珠就是不同的电子元器件，它们首尾顺次连接在一起，形成一个闭合的圈。其中一个“珠子”掉了，整个“项链”就坏了。

并联电路

并联电路就好比一架梯子，是一层一层向上的，它们互相不干扰，每一层可以看作一个独立的闭合路径。如果其中一层梯子坏了，不影响其他层，你可以跨过它，到前面的一层上去。

聪聪 我们把上面的珍珠项链和梯子都换成连接好的电子元器件，再加上供电的直流电源和基础的控制开关，就变成串、并联电路了。

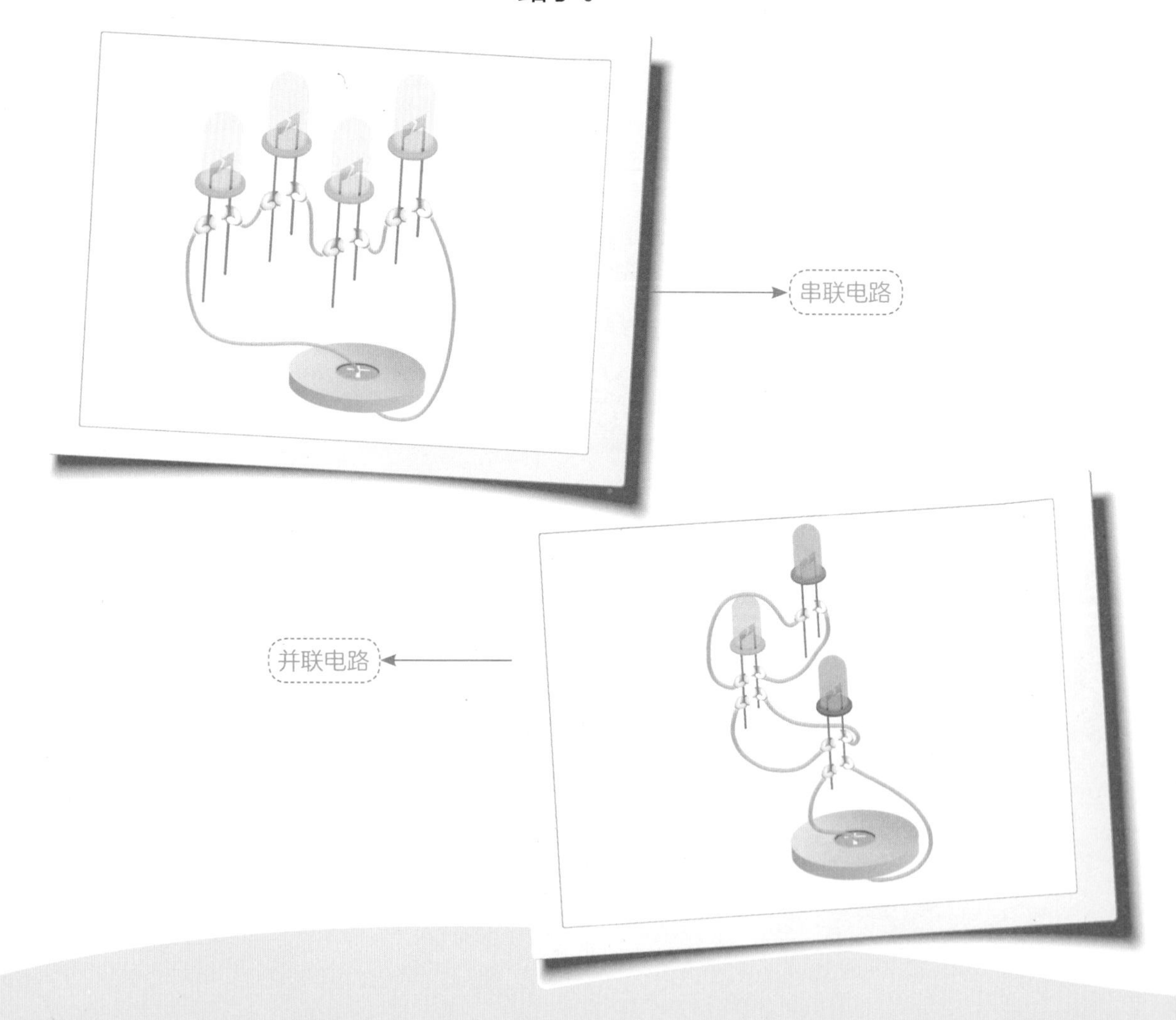

聪聪 接下来就让我们开始制作纸电路吧！

美美 太好了！

聪聪 我们需要准备导电胶带、LED灯和纽扣电池。我们用导电胶带把LED灯和纽扣电池粘到一起，一定要注意正负极呦！

美美 好的。

聪聪 你也可以制作更复杂的纸电路，试试这样做。

玩转电路，制作电动小车

聪聪 接下来我们一起做一个稍微复杂一点的电子作品吧。

美美 好呀。

聪聪 我们制作一辆电动小车吧。

需要准备以下材料：

雪糕棒、塑料扎带、TT电机（单头）、电池盒、两脚开关、车轮及万向轮、导线。

步骤1： 确定TT电机的旋转方向。先将电池盒、导线试接在电机上，确定电机的转动方向，交换两根导线连接的位置，发现转动方向改变。最后，将电机顺时针转动时，电机上与电源正极相连的标为正极，与电源负极相连的标为负极。

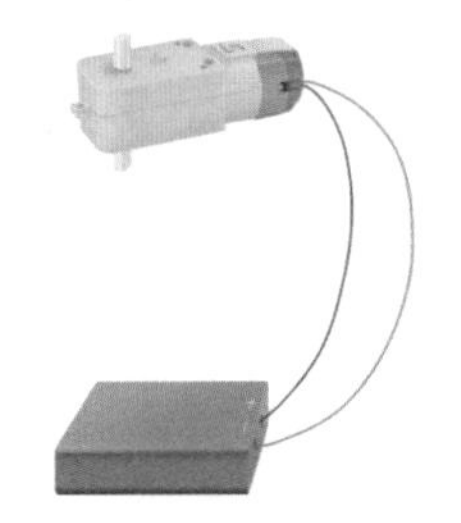

步骤2： 一个电源连接两个电机。按照步骤1测定的正负极，将电机连上电池盒，然后安上轮子，判断通电后轮子是否运动。然后加一个电机，看看两个电机是否同向运动，再给第2个电机装上轮子。

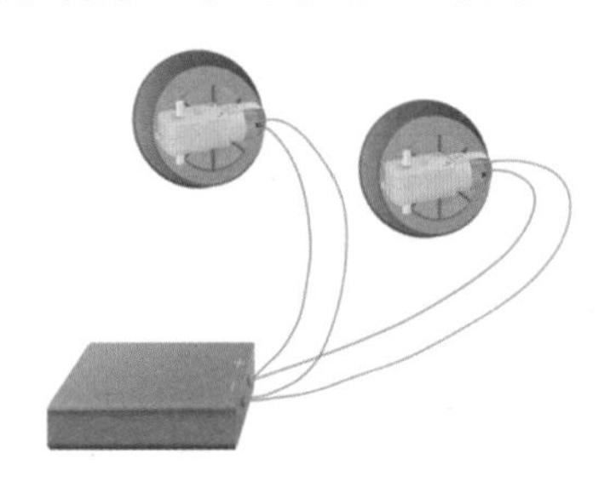

步骤3： 将电机连接电源的线从中间剪断。将一个电机连接电源的线选其中一根从中间剪断，是为了在剪断的线之间（图中标记“×”的位置）安装两脚开关。同样把另一个电机的线也剪断一根。

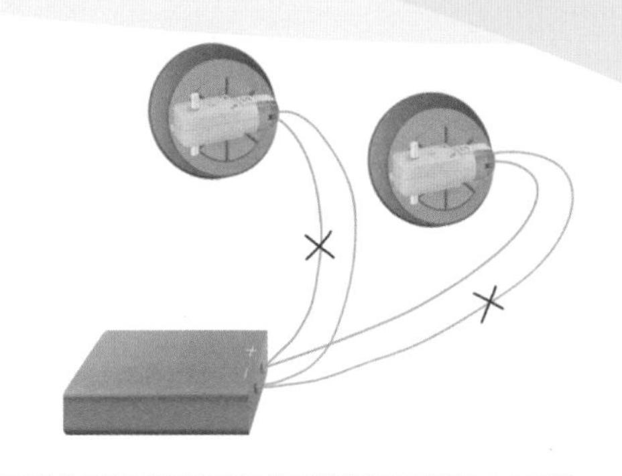

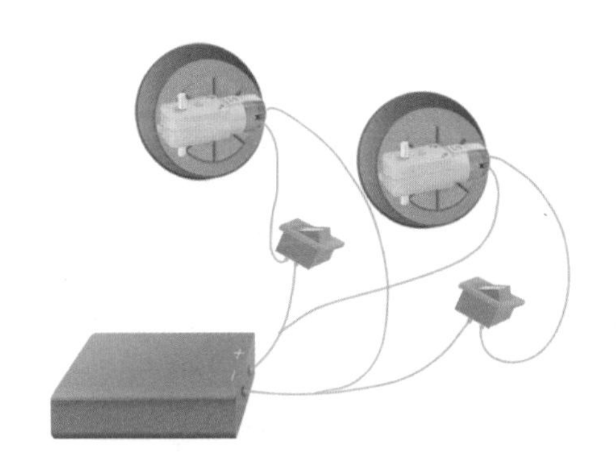

步骤4： 安装两脚开关。在剪断的线之间安装两脚开关。由于是线控小车，开关需要用导线延长，延长到合适的控制距离。

步骤5： 用雪糕棒固定电机。使用两根150mm×10mm的雪糕棒（刚好和电机的宽度一致），并用120mm×3mm的塑料扎带将电机固定在雪糕棒上，这样就构成了一个平面。

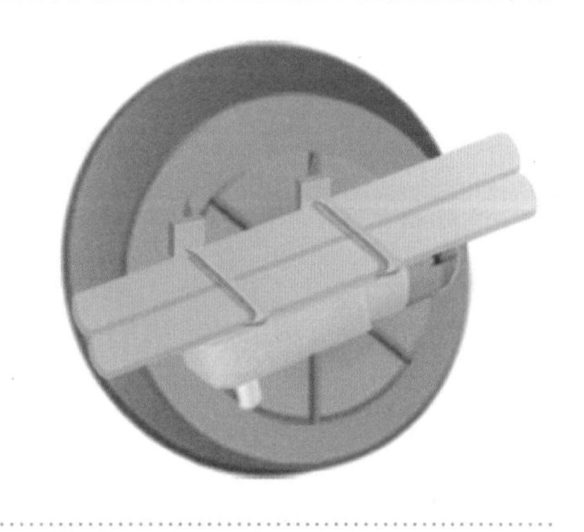

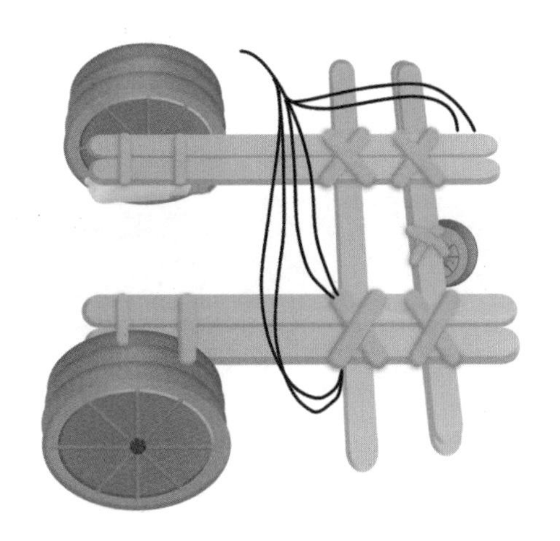

步骤6： 设计小车的底盘。小车只有两个轮子不行，最简单的结构是三轮车，在前方或者后方安放一个万向轮，或者像汽车一样再添加两个可以自由转动的轮子。

聪聪 看，电动小车做好了。

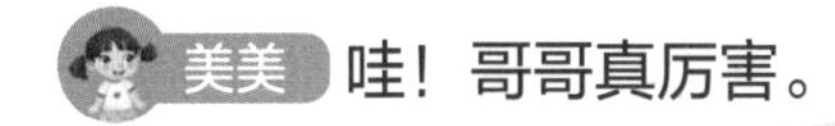

哇！哥哥真厉害。

用Arduino控制机器人

美美 哥哥，你比赛时的机器人里面也是用的电路板吗?

聪聪 对呀，不过它有一个很好听的名字，叫Arduino。

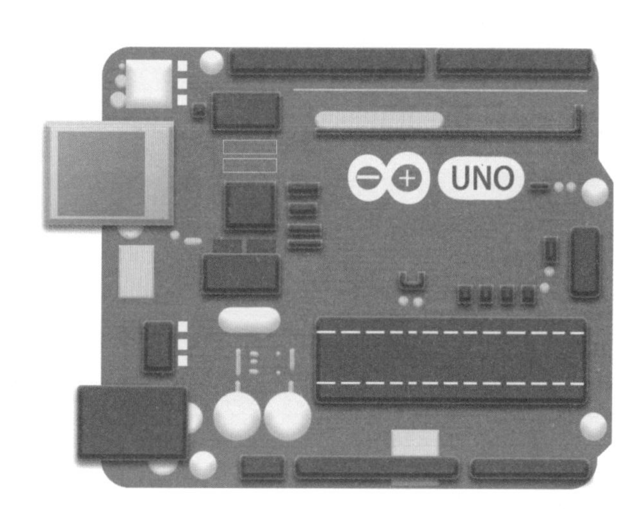

美美 “阿堆诺”？它是什么?

聪聪 它是一个意大利团队开发的电路板，这个电路板上有一个微控制器，你可以在微控制器中输入自己编写的程序，来控制机器人的动作。

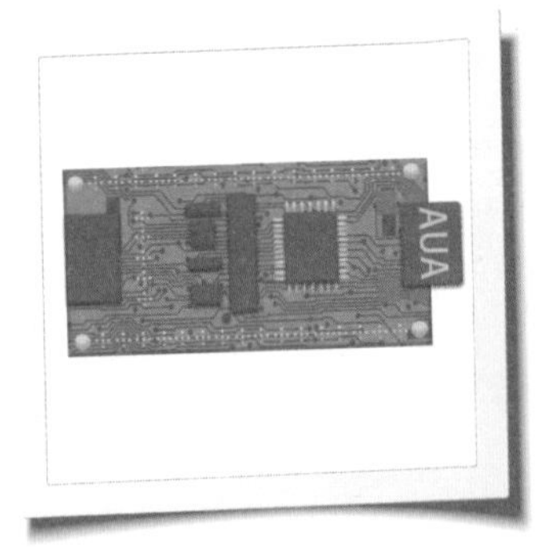

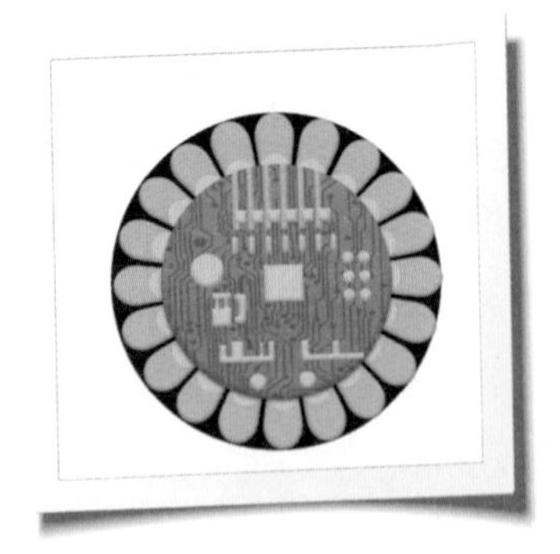

Arduino

Arduino是一个基于开放源码的软硬件平台，并具有使用类似Java、C语言的IDE集成开发环境和图形化编程环境。由于源码开放和价格低廉，Arduino目前广泛地应用于欧美的电子设计以及互动艺术设计领域。

Arduino包含两个主要的部分：一个是硬件部分，即可以用来做电路连接的Arduino电路板；另外一个则是Arduino IDE，即你的计算机中的程序开发环境。你只要在IDE中编写程序代码，将程序上传到Arduino电路板后，程序便会告诉Arduino电路板要做些什么了。

美美 我们可以用Arduino做什么呢?

聪聪 Arduino能通过各种各样的传感器来感知环境，并通过控制灯光、电机和其他的装置来反馈、影响环境。电路板上的微控制器可以通过Arduino的编程语言来编写程序，编译成二进制文件，刻进微控制器。对Arduino的编程是利用Arduino编程语言（基于Wiring）和Arduino开发环境（基于Processing）来实现的。

聪聪 以Uno（R3 version）为例，上面有各种大小不同的元器件、插针、端口。Arduino Uno开发板的引脚分配图包含14个数字引脚、6个模拟输入引脚、电源插孔、USB连接、ICSP端口。

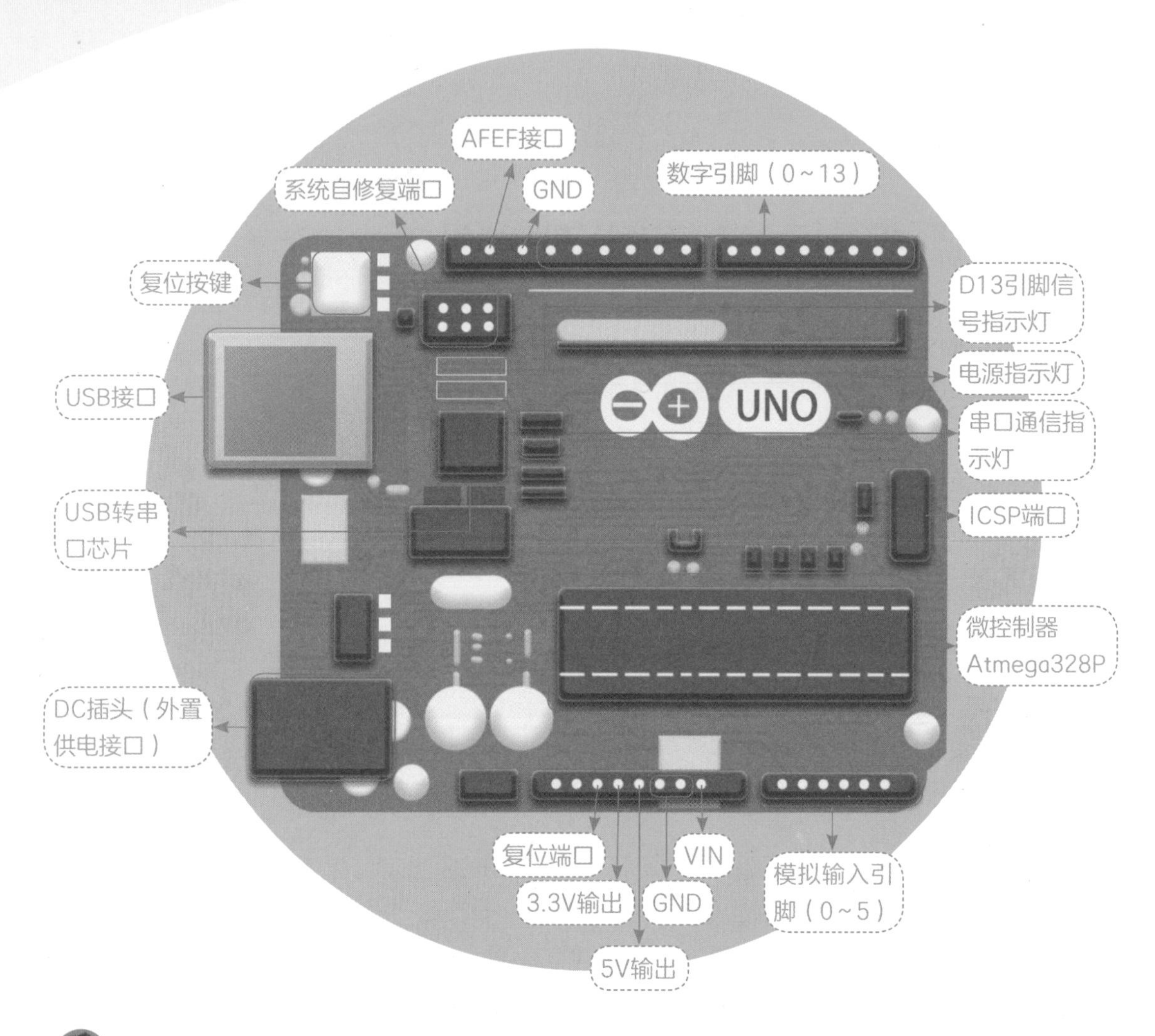

聪聪 这个板子需要通过一根数据线和电脑连接使用，需要在Arduino IDE中编程运行。

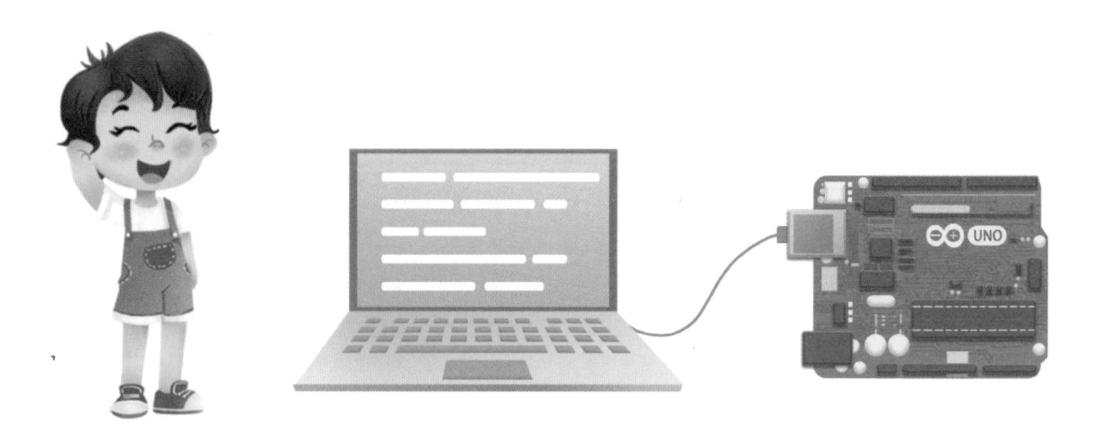

Arduino的编程环境不仅有文本式的编程环境，还有图形化的编程环境（ArduBlock）。

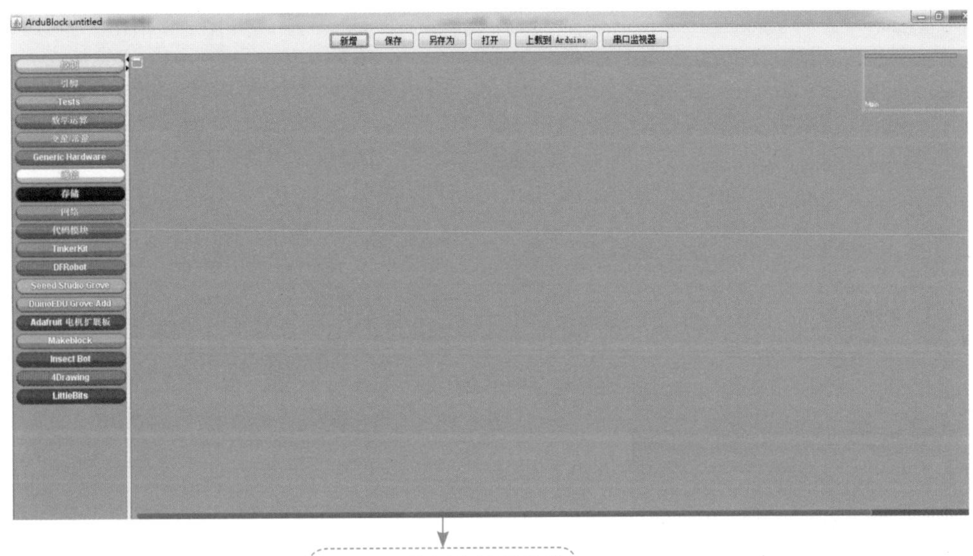

Arduino图形化编程软件

步骤1： 安装软件。Arduino是一款开源的软件，也就是大家可以共享的免费软件。我们可以在它的官方网站下载到arduino的开发环境。建议下载1.5版本以上的软件哦。下载完毕之后，无需安装，解压后即可使用。

名称	修改日期	类型	大小
drivers	2020/7/22 10:23	文件夹	
examples	2020/7/22 10:23	文件夹	
hardware	2020/7/22 10:23	文件夹	
java	2020/7/22 10:23	文件夹	
lib	2020/7/22 10:23	文件夹	
libraries	2020/7/22 10:23	文件夹	
reference	2020/7/22 10:23	文件夹	
tools	2020/7/22 10:24	文件夹	
tools-builder	2020/7/22 10:23	文件夹	
arduino	2020/6/16 11:44	应用程序	72 KB
arduino.l4j	2020/6/16 11:44	配置设置	1 KB
arduino_debug	2020/6/16 11:44	应用程序	69 KB
arduino_debug.l4j	2020/6/16 11:44	配置设置	1 KB
arduino-builder	2020/6/16 11:44	应用程序	18,137 KB
libusb0.dll	2020/6/16 11:44	应用程序扩展	43 KB
msvcp100.dll	2020/6/16 11:44	应用程序扩展	412 KB
msvcr100.dll	2020/6/16 11:44	应用程序扩展	753 KB
revisions	2020/6/16 11:44	文本文档	94 KB
wrapper-manifest	2020/6/16 11:44	XML 文档	1 KB

步骤2： 进入界面。安装完成以后，我们双击“arduino”，打开就进入了Arduino的编程界面。

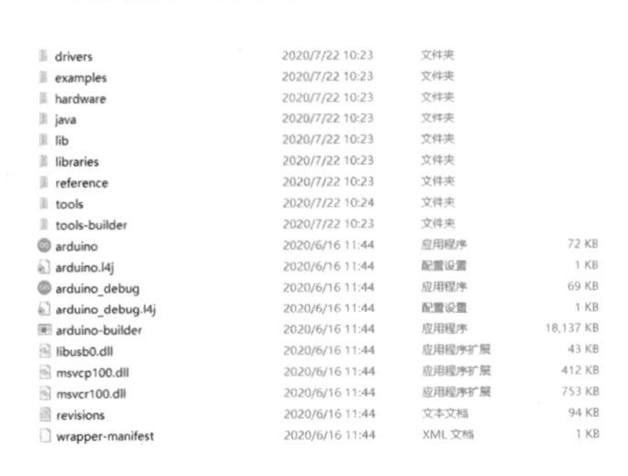
名称	修改日期	类型	大小
drivers	2020/7/22 10:23	文件夹	
examples	2020/7/22 10:23	文件夹	
hardware	2020/7/22 10:23	文件夹	
java	2020/7/22 10:23	文件夹	
lib	2020/7/22 10:23	文件夹	
libraries	2020/7/22 10:23	文件夹	
reference	2020/7/22 10:23	文件夹	
tools	2020/7/22 10:24	文件夹	
tools-builder	2020/7/22 10:23	文件夹	
arduino	2020/6/16 11:44	应用程序	72 KB
arduino.l4j	2020/6/16 11:44	配置设置	1 KB
arduino_debug	2020/6/16 11:44	应用程序	69 KB
arduino_debug.l4j	2020/6/16 11:44	配置设置	1 KB
arduino-builder	2020/6/16 11:44	应用程序	18,137 KB
libusb0.dll	2020/6/16 11:44	应用程序扩展	43 KB
msvcp100.dll	2020/6/16 11:44	应用程序扩展	412 KB
msvcr100.dll	2020/6/16 11:44	应用程序扩展	753 KB
revisions	2020/6/16 11:44	文本文档	94 KB
wrapper-manifest	2020/6/16 11:44	XML 文档	1 KB

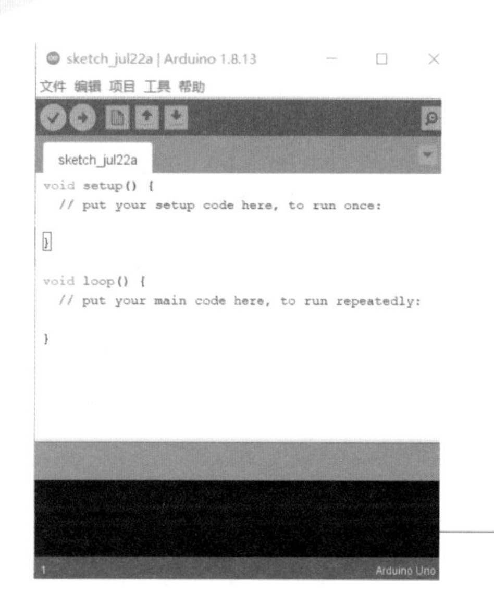

Arduino IDE

聪聪 这就是Arduino的软件编程界面。这是使用代码方式编程的界面。除此之外，Arduino还包含一种图形化的编程方式，也就是ArduBlock的编程方式。ArduBlock的编程方式要依托于Arduino的IDE，当我们安装好了Arduino软件以后，在此基础上继续安装ArduBlock。

聪聪 对于初学者来说，ArduBlock是一款非常容易上手的软件。ArduBlock是以图形化积木搭建的方式编程的，这样的方式会使编程的可视化和交互性加强，编程门槛降低，即使没有编程经验的人也可以尝试给Arduino控制器编写程序。

步骤3： 选择“文件”→“首选项”，并记录“项目文件夹位置”。

步骤4： 在这个位置里面新建tools目录。

步骤5： 在tools目录下面新建ArduBlockTool目录。注意，必须按照这种方法新建，并且大小写一致哦。

步骤6： 在ArduBlockTool下面新建tools目录。

步骤7： 到指定网站下载ArduBlock.rar。

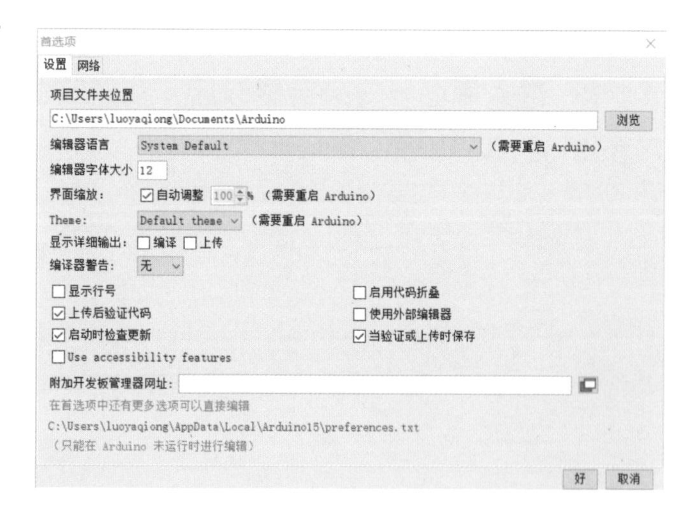

步骤8： 将下载好的文件复制到ArduBlockTool下面新建tools目录里。这样，就完成了ArduBlock的环境安装。我们点击“工具”选项，就会看到ArduBlock选项。我们再点击就可以进入到ArduBlock的编程界面。

步骤9： 安装ArduBlock驱动。Arduino控制器和计算机的连接一般采用USB连接线。计算机第一次连接上Arduino控制器，需要安装驱动，以后再将Arduino控制器连到电脑就不需要安装驱动了。驱动程序在Arduino IDE安装目录的Drivers文件夹中。你可以跟着下面这些图示的步骤来操作。

① 打开“设备管理器”，找到Arduino Uno设备。并选择“浏览计算机以查找驱动程序软件”。

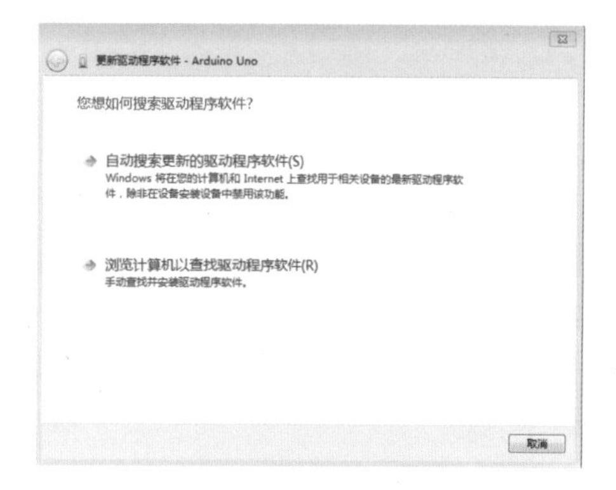

② 选择驱动程序drivers所在的文件夹。

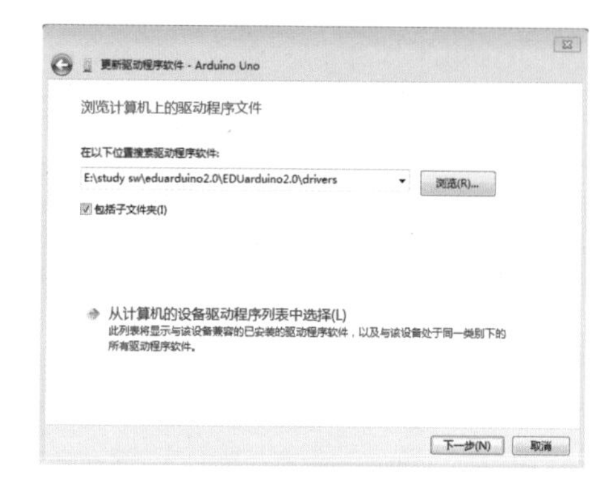

③ 如果系统出现安全提示，选择“安装”。

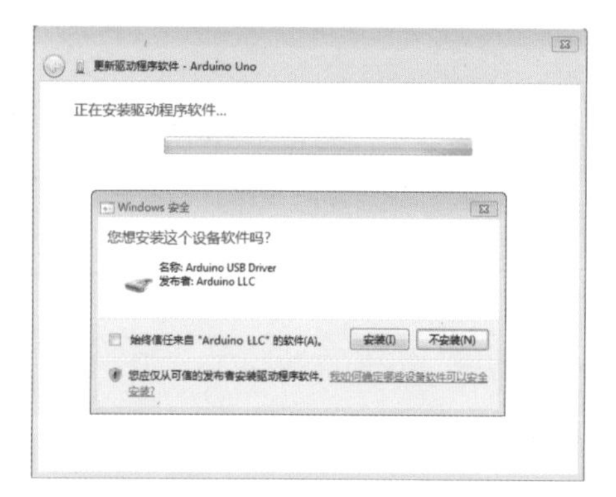

④ 安装完毕。

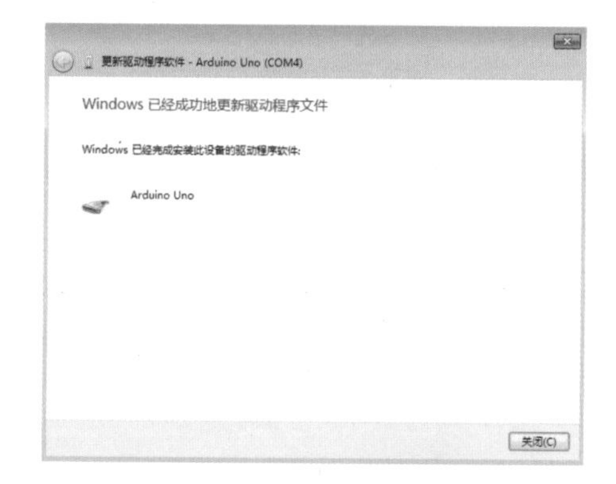

步骤10： 驱动程序安装之后，在“设备管理器”的端口一项中将增加一个COM口设备，请记下该端口号，Arduino与计算机通信端口号为COM4。

步骤11： 最后要在Arduino开发环境中设置相应的串口号以及Arduino板的型号，注意Arduino板卡的型号为Arduino Uno，串口设置要与设备管理器中显示的Arduino的COM口一致（比如我们这里的COM4）。

试试3D打印

你看过电影《十二生肖》吗？在电影中，成龙和他的团队把兽首完美复刻了一个复制品，利用的就是3D打印技术。电影里展示了3D扫描、3D建模、3D打印、后期模型处理的全过程。

3D打印

3D打印技术是一种快速成型技术。工程师预先在电脑中建立想要打印的物体的数字模型，然后再使用3D打印机进行逐层打印。

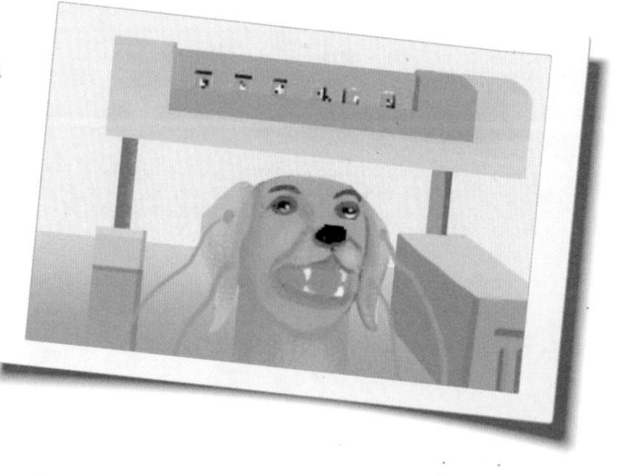

聪聪 看，美美，3D打印机一般是这样的。

美美 哈哈，这不就是一个大铁盒子吗？

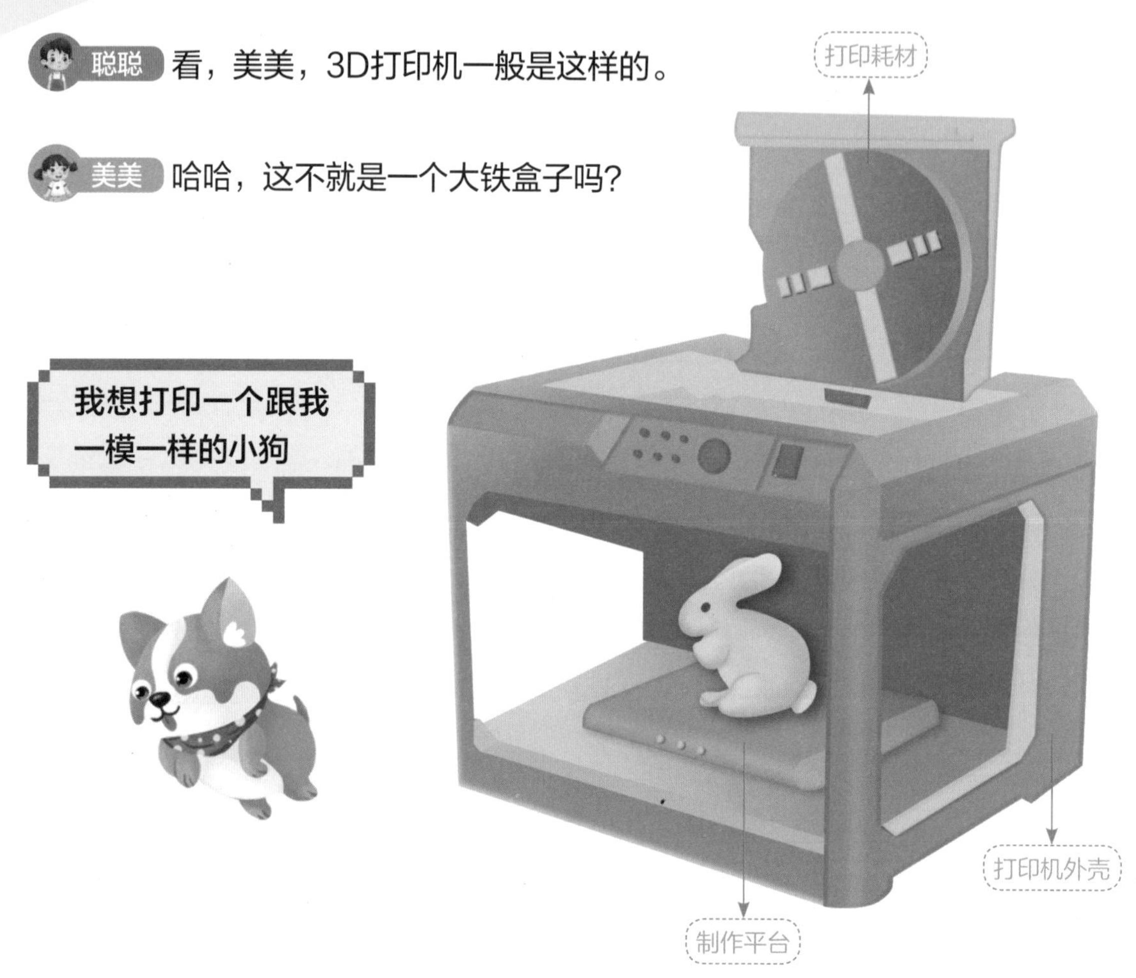

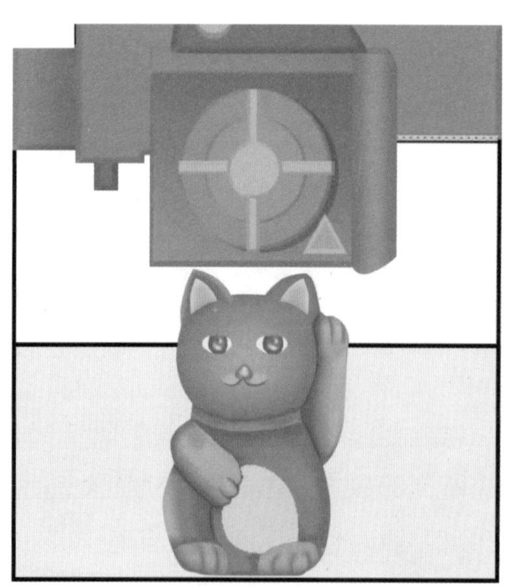

3D打印机的喷头会依据电脑数据精准地逐层打印，就好比搭积木一样，一层一层地叠加。有的复杂模型还需要分模块分别打印，最后再进行组装。3D打印机制作的成品更加精致，表面光滑，成品内基本看不到丝状物，完全熔化为模型的形状。

美美 可是，哥哥，我没见过这样的3D打印机，我只见过跟点读笔一样的。

聪聪 那叫3D打印笔。我给你讲讲3D打印笔吧。

美美 好啊。

3D打印笔常用的耗材是塑料等可黏合材料，一般是丝状的，从外表看，它们像电线一样。

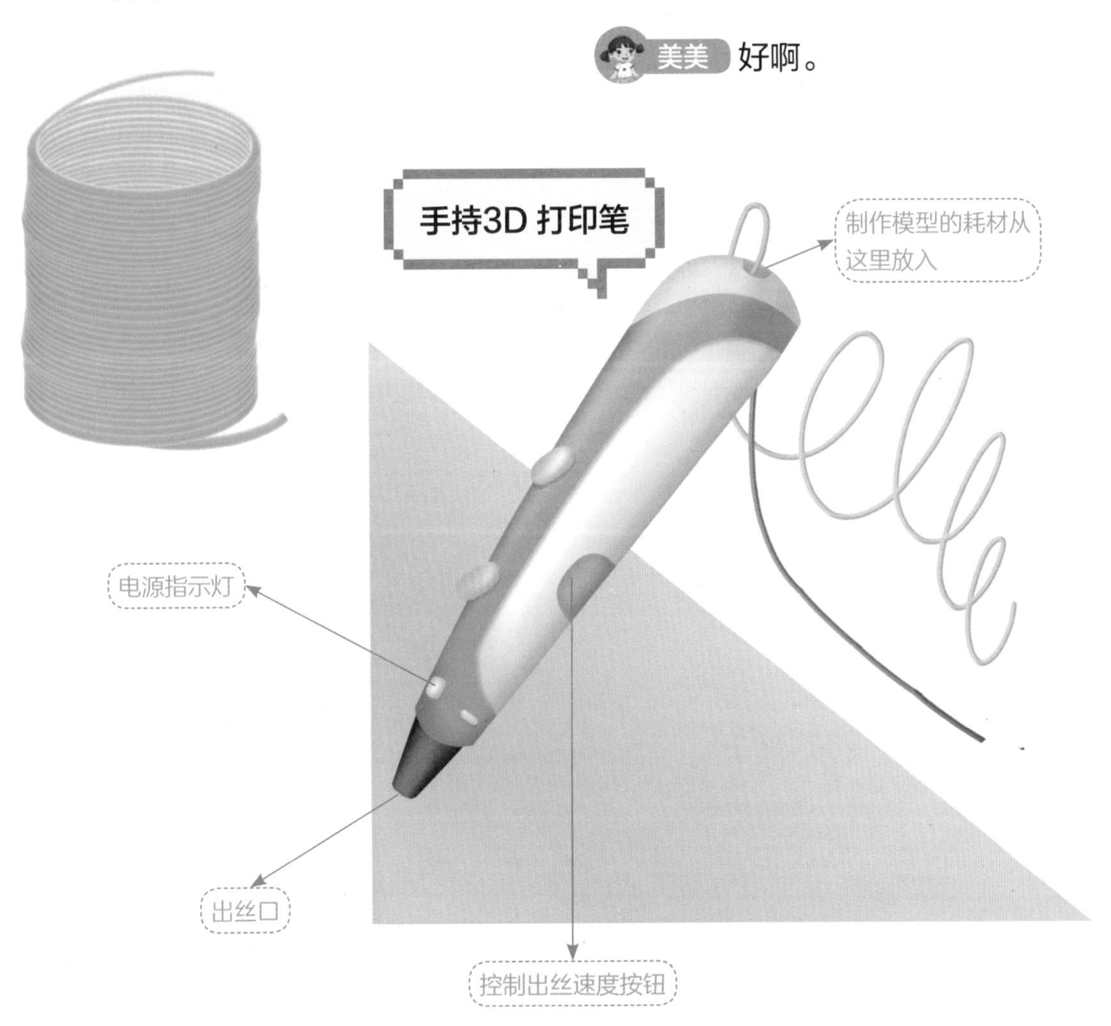

使用手持3D打印笔来进行3D打印，好比在空中作画，你可以尽情释放想象力，建造属于你的模型。手持3D打印笔做出的模型大多以丝条状的线为基本形状，逐渐叠加进行“作画”。对于不会使用电脑建模的小朋友来说，3D打印笔可以作为你初次尝试3D打印的好工具。

这支神奇的“笔”可以让你成为“神笔马良”！这支“笔”能够帮你把平面图像变成三维立体图像，让你的美妙图画从纸张上解放出来。它挤出热熔的塑料，塑料会在空气中迅速冷却，最后固化成稳定的状态。

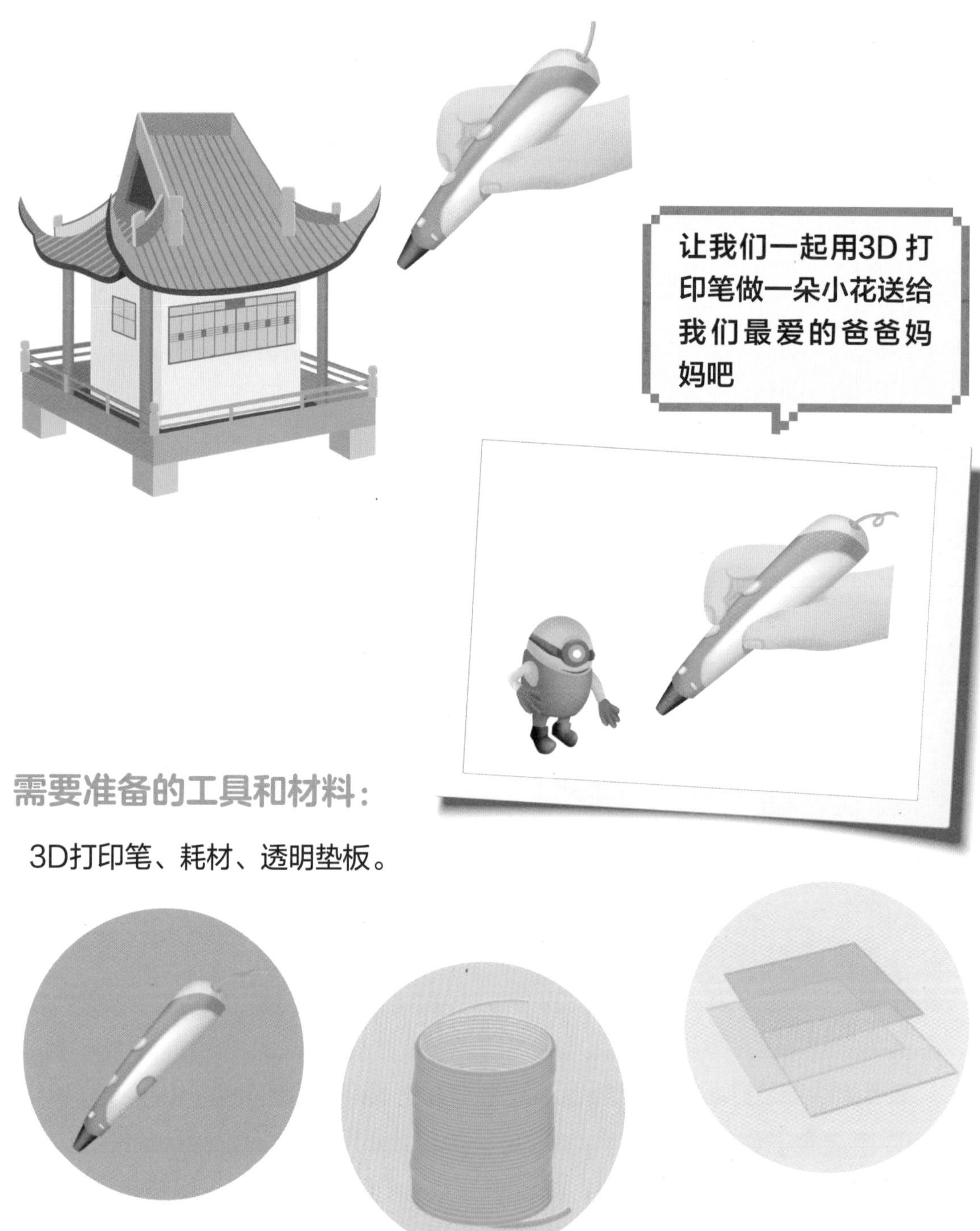

需要准备的工具和材料：

3D打印笔、耗材、透明垫板。

步骤1： 首先画出花瓣的轮廓，再填充花瓣内部。

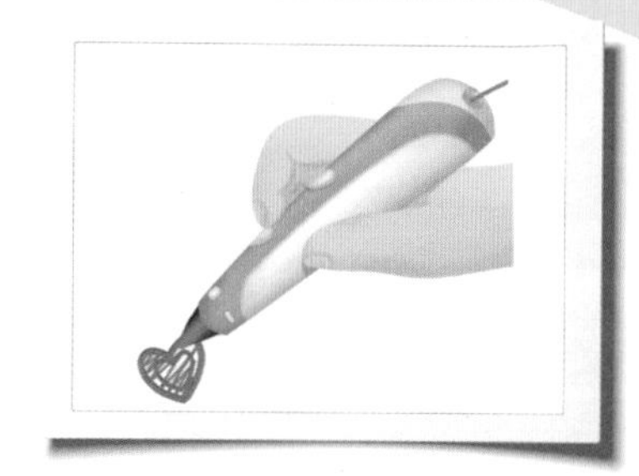

步骤2： 画出六个花瓣后，再绘制花朵的花茎。

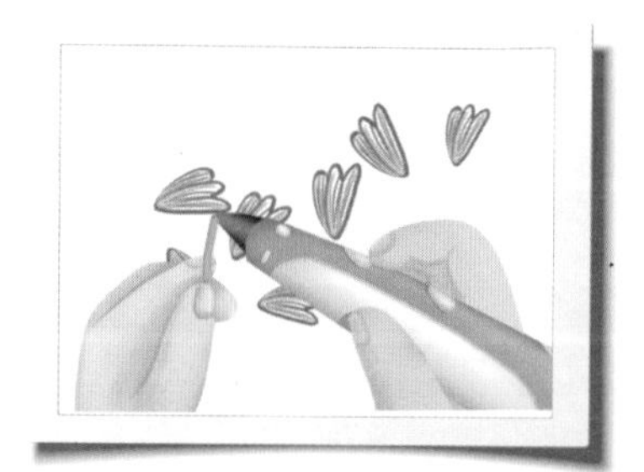

步骤3： 将花瓣粘在花茎上，绕成一圈。

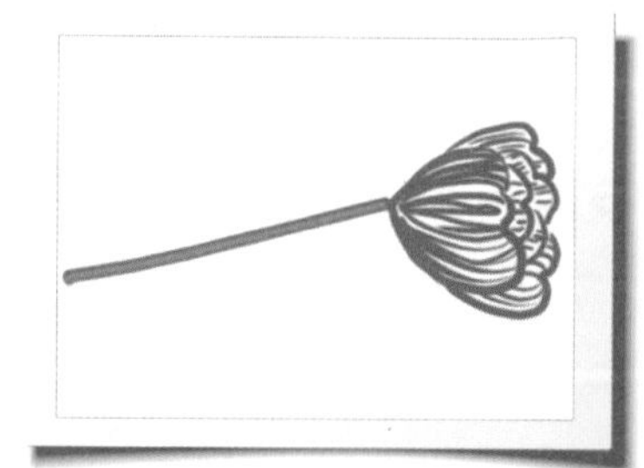

聪明的小朋友，我知道你一定已经跃跃欲试了，那就拿出工具，赶快一试身手吧

步骤4： 绘制花朵的花蕊，将其粘贴在花朵内部。

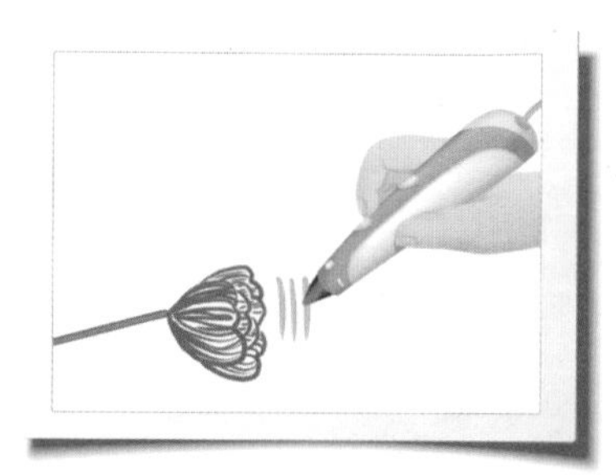

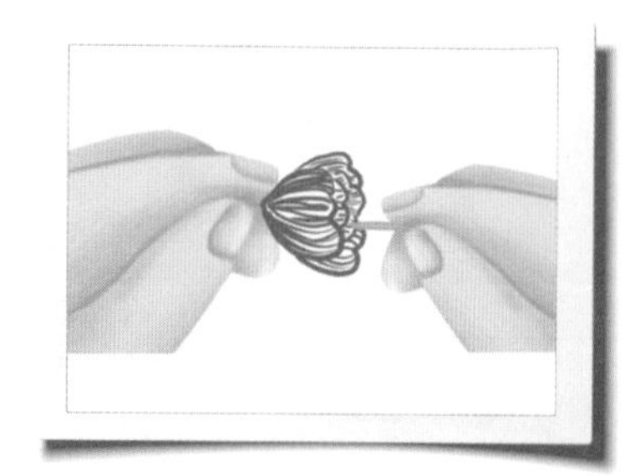

步骤5： 花蕊粘好了，小花就完成了。我们把小花送给我们的爸爸妈妈吧！

3D打印可以用在哪些地方

聪聪 3D打印作为一种新技术在汽车行业、医疗行业、教育行业等领域逐渐被重视，3D打印的建模技术使得我们需要的产品能够快速成型，并且3D打印的材料便宜，使得成本有效降低，从而在很多行业得到了应用。

美美 3D打印这么厉害啊!

聪聪 美国卡内基梅隆大学的研究人员还创造了3D打印心脏支架的新技术呢!

美美 哇！太棒了。

聪聪 是啊。这种技术在医学界被视为划时代的创造，也许3D打印的产品在未来可以广泛应用在医疗手术中，拯救人类的生命。

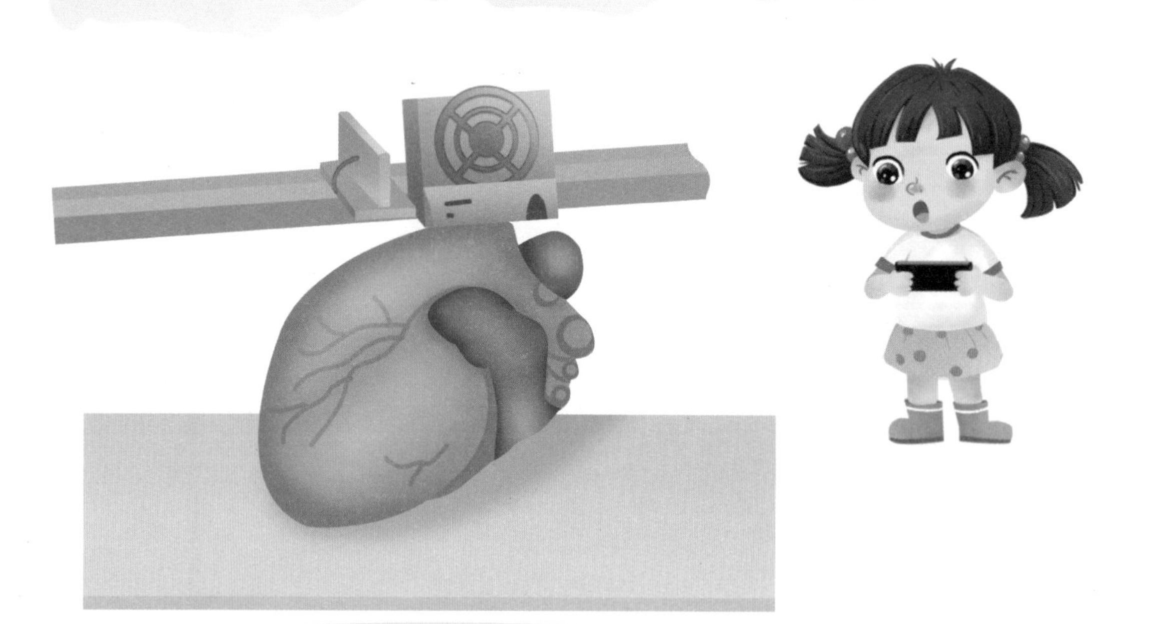

常见的传感器

聪聪 在制作电子小制作的时候，如果我们要让机器人能够“感受”到我们的动作，并根据我们的指令来完成任务，就需要它的“身体”中包含传感器。

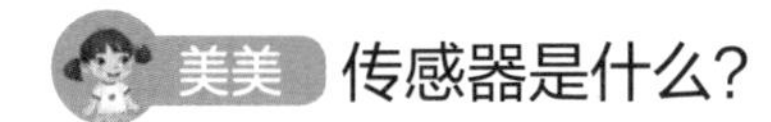

美美 传感器是什么？

传感器

传感器是一种检测装置，能感受到被测量的信息，并能将检测感受到的信息，按一定规律变换为电信号或其他所需形式的信息输出，以满足信息的传输、处理、存储、显示、记录和控制等要求。有了传感器，机器就好比有了视觉、触觉、味觉和嗅觉等感官，机器变得“活”了起来。

传感器的分类

根据基本感知功能可将传感器分为热敏元件、光敏元件、气敏元件、力敏元件、磁敏元件、湿敏元件、声敏元件、放射线敏感元件、色敏元件和味敏元件等。

聪聪 常见的传感器如下。

1. 超声波传感器

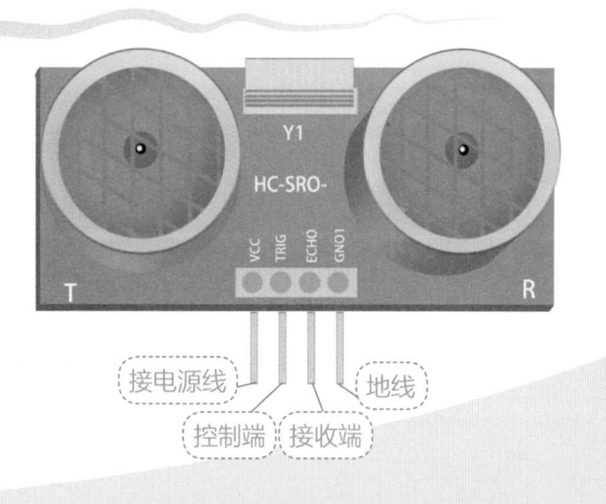

超声波传感器是一种很常见的传感器，经常用于测量距离。超声波指向性强，能量消耗缓慢，在介质中传

播的距离较远，因而超声波经常用于距离的测量。超声波传感器像人类的眼睛一样，可以检测到障碍物。这个传感器的发明，源于人类对蝙蝠的研究。蝙蝠可以在黑夜中快速飞行而不会碰到障碍物，就是通过超声波避开障碍物的。

2. 光敏电阻

光敏电阻一般都是用硫化镉制作的。这种材料有个很神奇的特性，就是在光的照射下，电阻会显著降低。光敏电阻在我们的生活中有很多的应用，如感光台灯中就用到了光敏电阻。光敏电阻可以通过光线的强弱，控制台灯的开启和关闭。

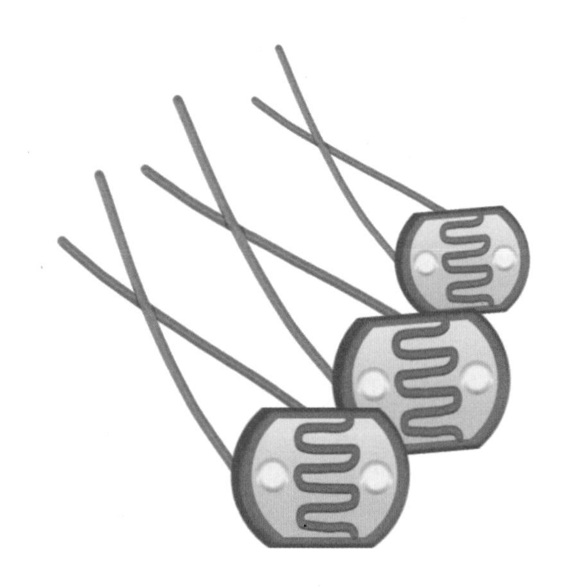

3. 红外线传感器

红外线传感器是利用红外线来进行数据处理的一种传感器。在生活中，应用比较多的就是红外线遥控器，电视、空调、机顶盒等设备都可以使用红外线遥控器进行控制。红外线遥控器一般由发射端和接收端组成，经过匹配之后，接收端可以收到发射端发送的红外信号，从而实现对电子设备的控制。

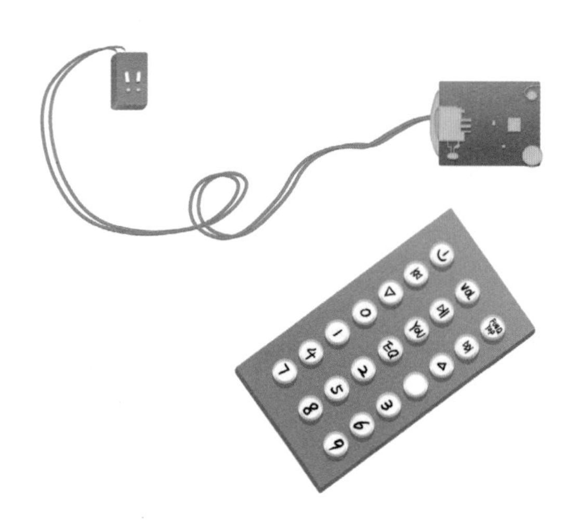

创意小音箱

美美 我的同学带来一款他自己制作的小音箱，还能发出声音呢。我也想做一个。

聪聪 没问题，我来教你。首先，你要理解，它是怎么发出声音的。小音箱里面有扬声器，它是发声的主要元器件。

美美 扬声器是什么？

扬声器

扬声器是一种电声转换器件，能将音频电信号转换成为声波。从发展的历史看，曾出现过各种各样的扬声器，如电动式扬声器、电磁式扬声器（即舌簧扬声器）、晶体扬声器、静电扬声器等。目前使用最广泛、数量最多的是电动式纸盆扬声器（也叫作动圈式纸盆扬声器）。当扬声器中的线圈通电时，其线圈就会产生磁场，在与磁铁的磁场相互作用下，线圈就会振动，振动就会发出声音。

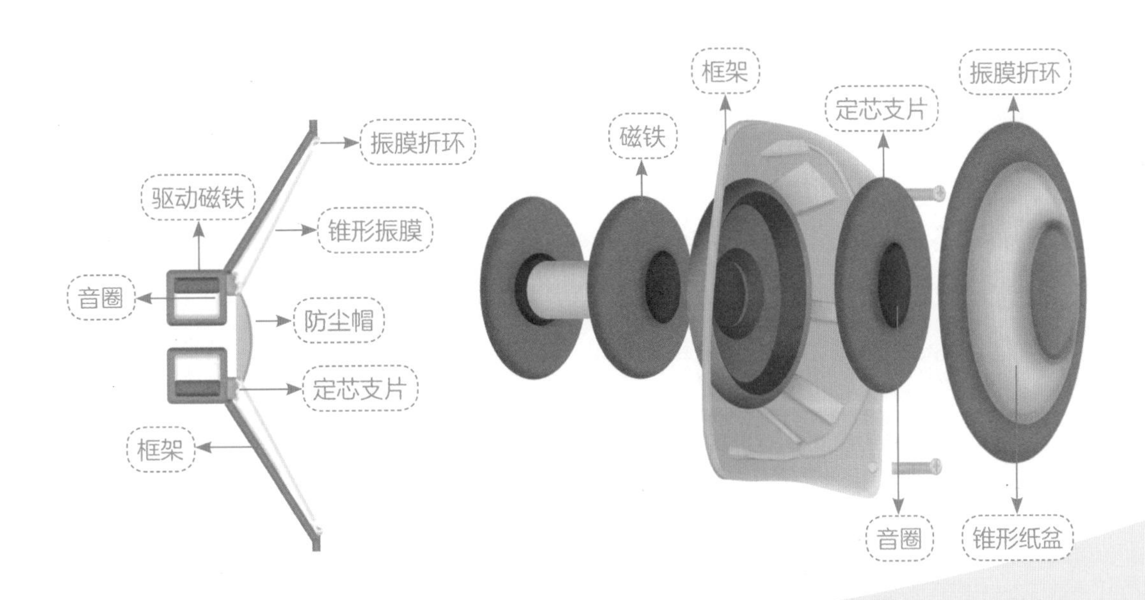

美美 有了扬声器，音箱就可以发声了吗？

聪聪 不是的，它还需要一个装置把声音放大，也就是扩音器，也叫功率放大器。功率放大器是音响系统中最基本的设备，它的作用就是把来自信号源的微弱电信号进行放大以驱动扬声器发出声音。小音箱使用的数据连接线中可以调节音量的“黑匣子”中就藏有功率放大器。

美美 我已经等不及要制作音箱了。

聪聪 我们先准备材料。

材料清单

扬声器	数据连接线	纸盒
	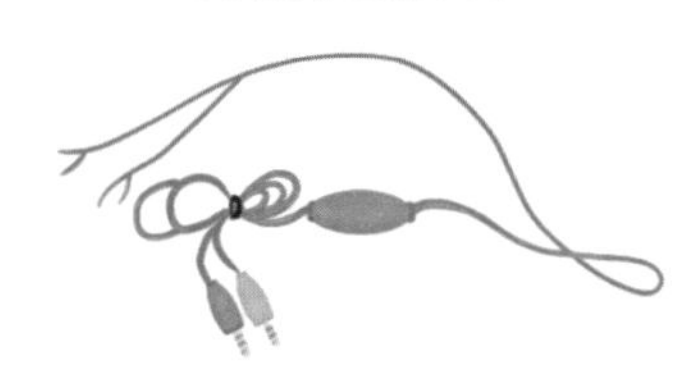	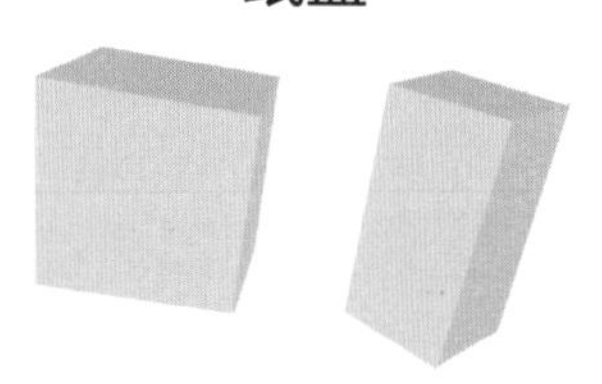
扬声器的规格有很多，这里选择的是6Ω3W、直径65mm的。	基本性能参数：5V直流供电，输出功率3W，数据线总长1.2m。	小纸盒尺寸（mm）：60×60×120。大纸盒尺寸（mm）：100×100×100。
锡纸	双面胶条	装饰物
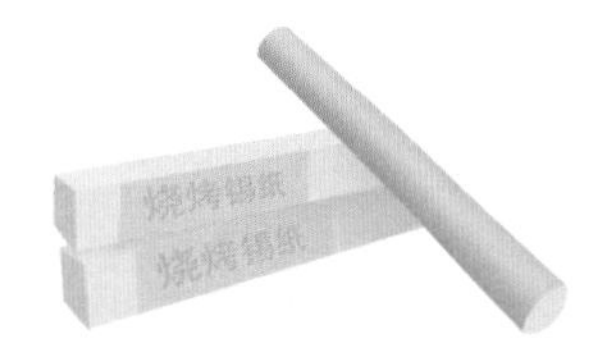		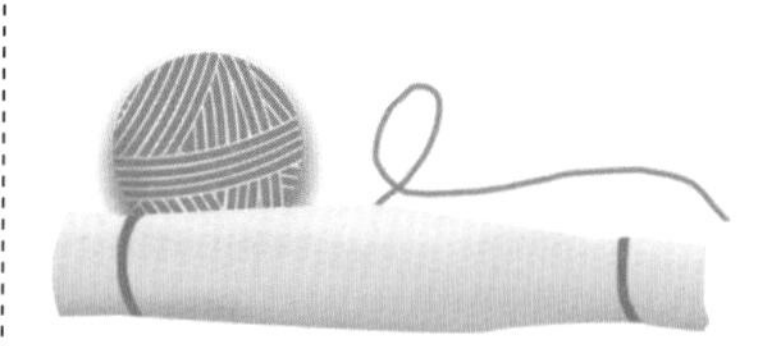
烧烤用的锡纸。	宽5mm。	

下面跟着我一起做吧。

制作过程

步骤1

在纸盒上确定安装扬声器的位置，并根据扬声器的大小画下标记，用剪刀剪出圆洞，用来固定扬声器。在盒子的背面打一个小洞，用来安装数据连接线。

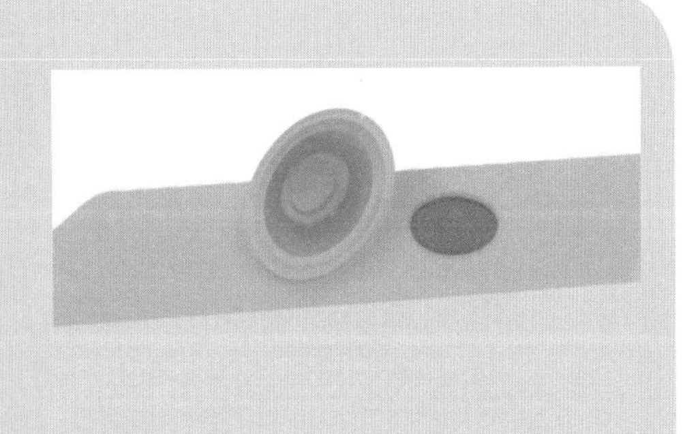

步骤2

用锡纸和双面胶条包装纸盒。因为使用的是废弃的旧纸盒，用锡纸包装可以起到美化的作用，使整个音箱具有金属质感。

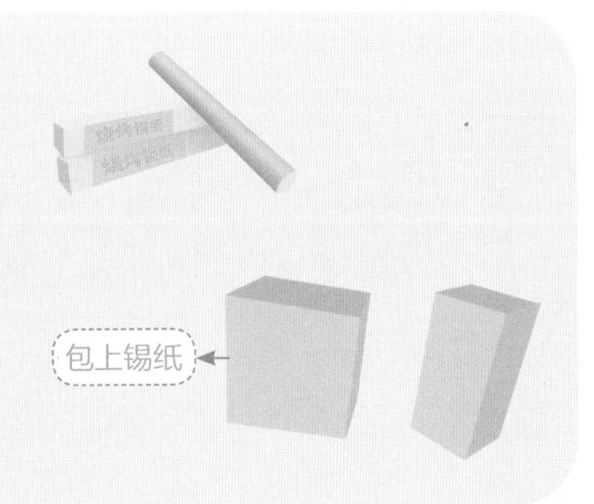

步骤3

将数据连接线插进纸盒内，并让其分别从纸盒上预留的扬声器的洞口穿过去，然后将其和扬声器进行焊接连接。

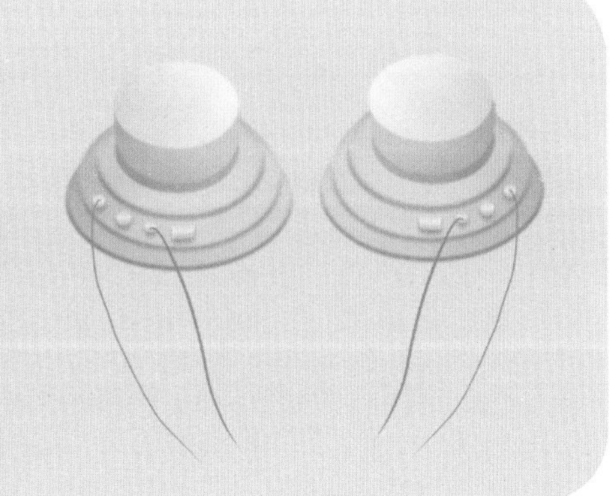

步骤4

扬声器焊接结束后，开始组装整个音箱，将数据连接线慢慢向外抽，直到扬声器可以结实地卡在纸盒上。

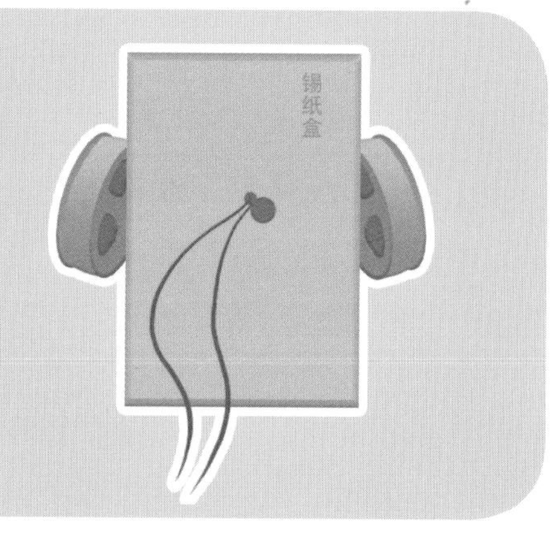

步骤5

对整个音箱进行装饰，这里我们将它设计成一个机器人的样子。

美美 我的音箱也做好啦！

制作一款棉花灯

聪聪 我们可以用家里的废旧物品制作一款棉花灯，需要的材料如下。

棉花（也可用其他膨松、颜色白的材料代替）、锥子、胶水50mL（代替热熔胶枪）、胶带、透明鱼线、塑料瓶、三种颜色的无纺布各1片（总共3片，星星、月亮自己剪）、灯带（纽扣电池款和USB款两种）。

步骤1

准备好材料。

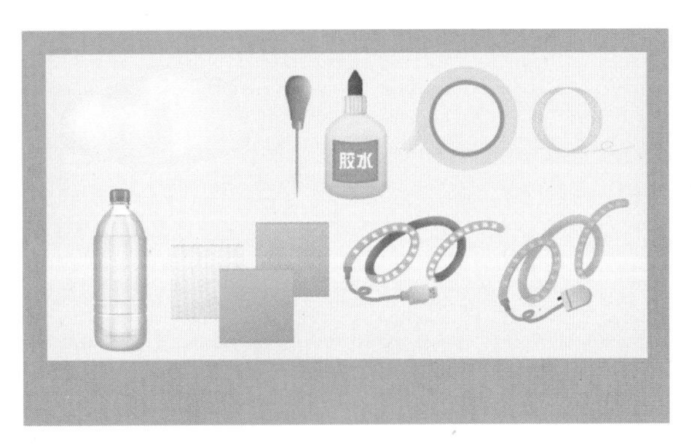

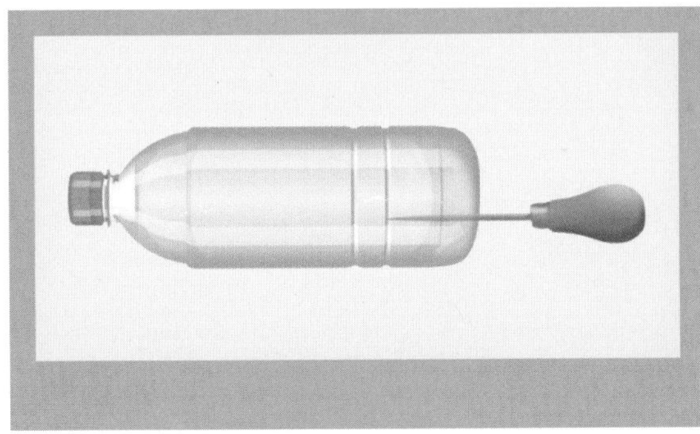

步骤2

用锥子在瓶底戳一个洞。在瓶盖上也戳一个洞。

步骤3

把鱼线穿过瓶底的洞，从瓶口拉出。

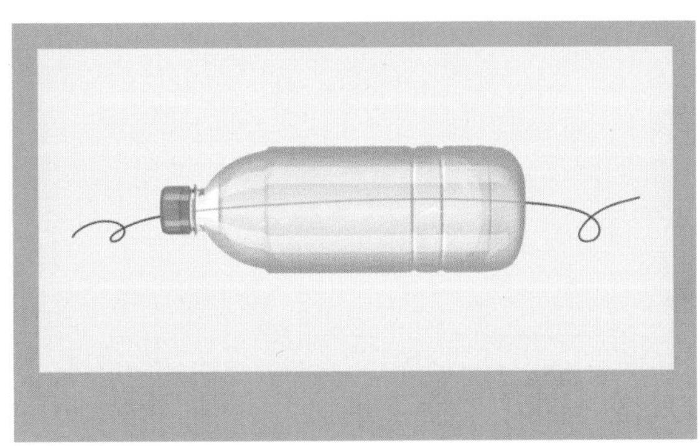

步骤4

用胶带固定瓶子两头的鱼线。

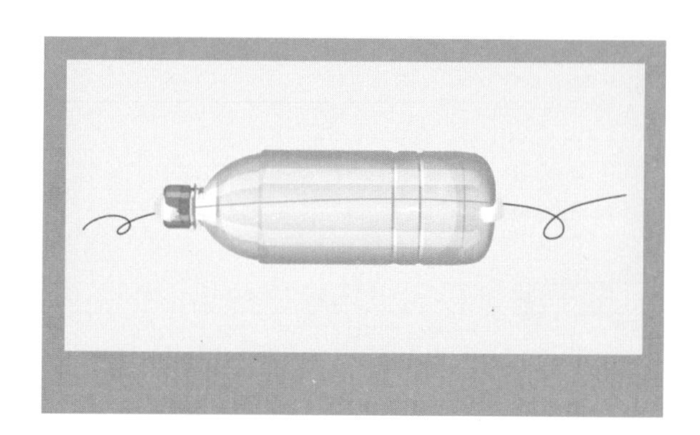

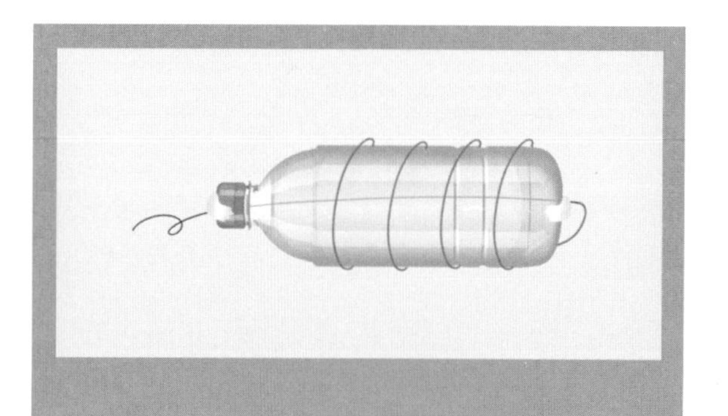

步骤5

瓶身等距绑上四根鱼线。

步骤6

用胶带固定鱼线。

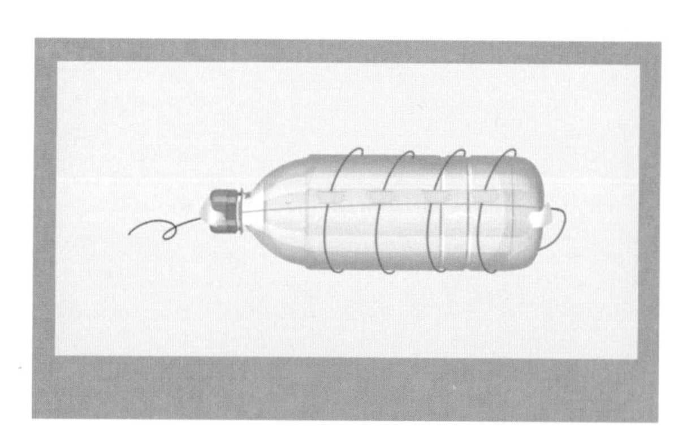

步骤7

取棉花搓成团。

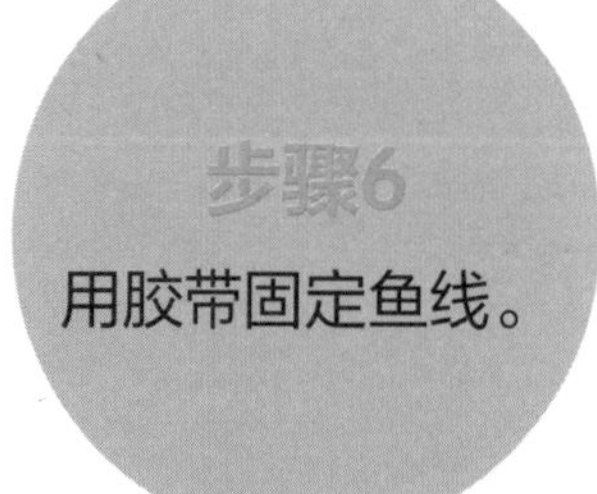

步骤8

把胶水挤在瓶身上。

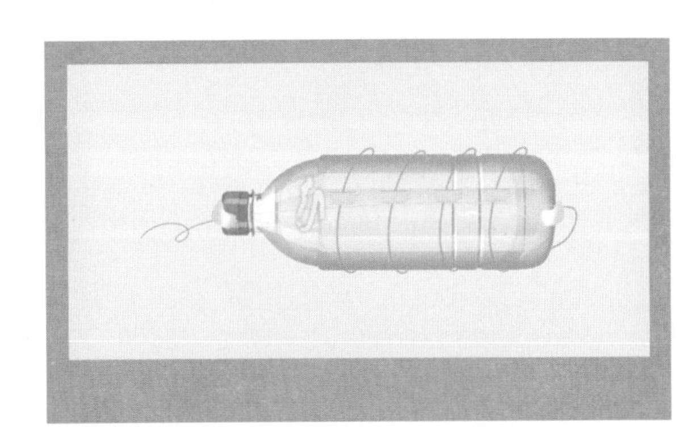

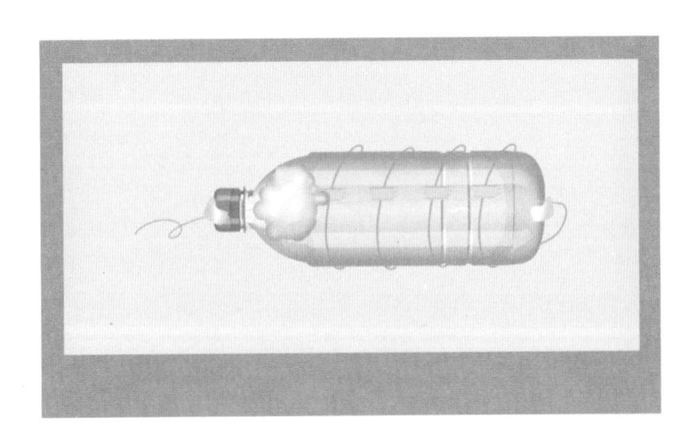

步骤9

把棉花团粘合。

步骤10

用棉花覆盖瓶身。

步骤11

调整整体形状。

步骤12

准备四片雨滴形无纺布，用锥子给它们打孔。

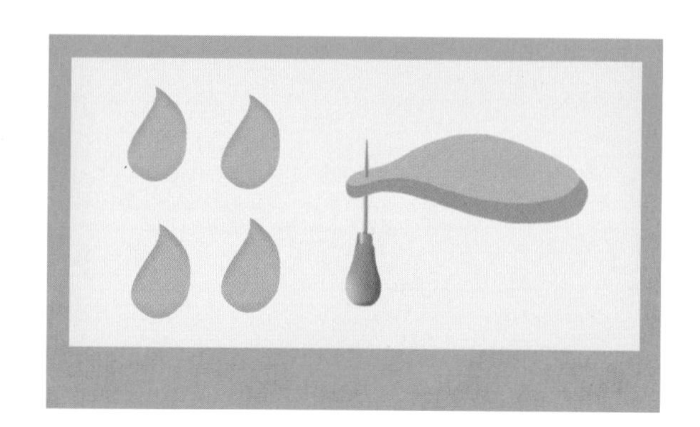

步骤13

整理灯带。

步骤14

把灯带塞入瓶口。

步骤15

完成。

第二篇
人工智能了不起

超级智能机器人

聪聪 美美，你看过《超能陆战队》那部电影吗？

美美 看过！电影里的“大白”是无所不能的超能机器人，我好想拥有一个这样的机器人啊！

聪聪 虽然我们身边没有和“大白”一模一样的机器人，但“大白”的某些智能化功能我们还是能接触到的。

超级智能机器人是拥有智慧的机器人，它不仅能跟人类进行交流，进行图像识别、语音识别和自然语言处理，还能帮助人类完成很多复杂的工作。

什么是图像识别

人类用眼睛看世界，智能机器用摄像头“看”世界。但是看见并不等于能够识别。让机器能够像人类一样识别看到的图像，就是图像识别。就像爸爸妈妈手机里的刷脸支付功能一样，对着脸一扫，就知道是不是你本人要付款了。

在遇到陌生人的时候，无论是人类还是“大白”这样的智能机器人都不会认识他，因为在大脑里没有关于他的记忆。

聪聪 图像识别对人类来说就像是天生的本领，但图像识别对智能机器人来说非常困难，因为它们的记忆方式和人类是不同的。

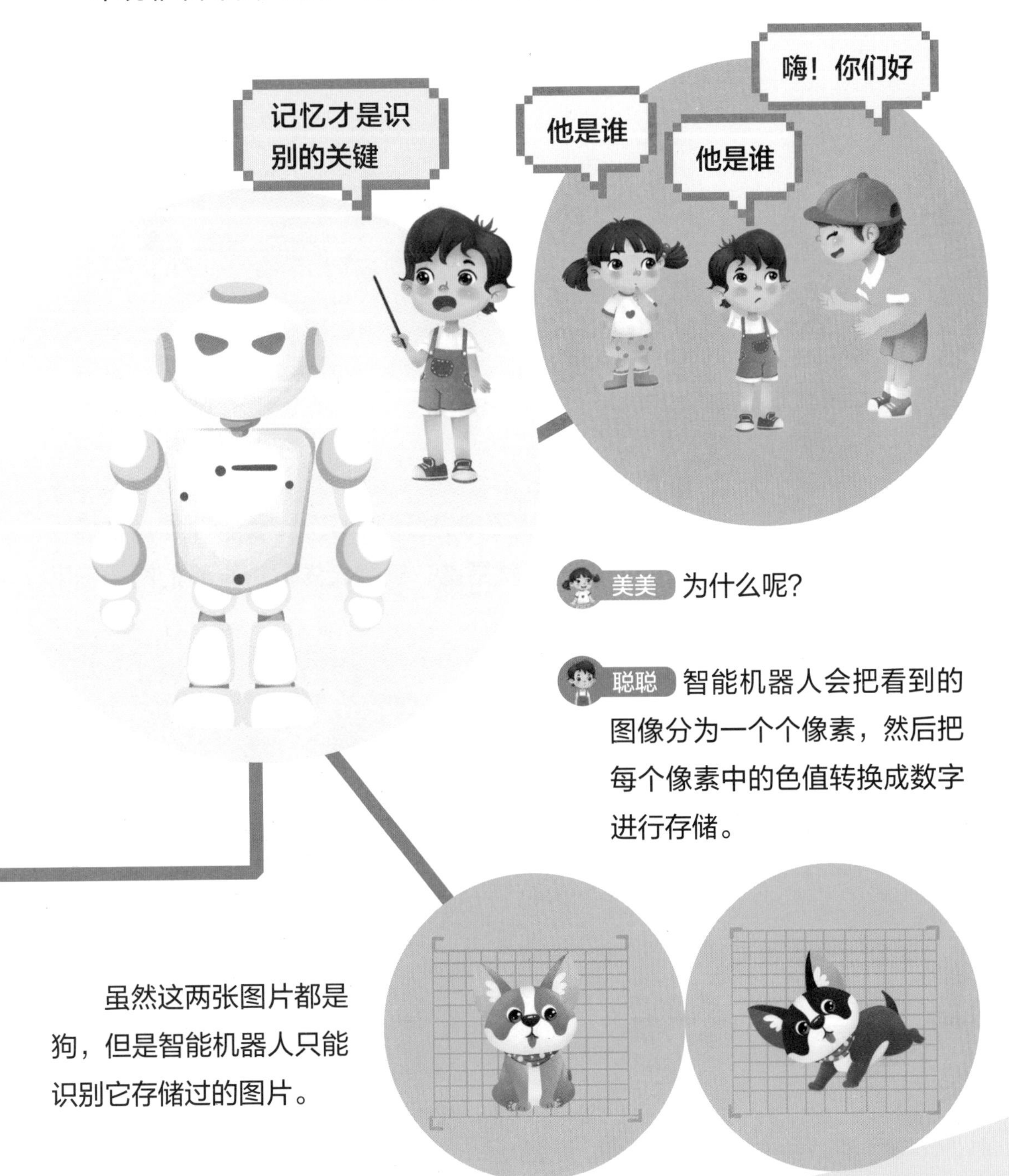

美美 为什么呢?

聪聪 智能机器人会把看到的图像分为一个个像素，然后把每个像素中的色值转换成数字进行存储。

虽然这两张图片都是狗，但是智能机器人只能识别它存储过的图片。

虽然智能机器人的逻辑思维能力不如人类，但它们的识图速度非常快，而且永远不会疲倦。人类可以让它们大量识图，从而提高图像识别能力。

美美 我们人类看到朋友的脸，就能认出这个人是谁。可是，智能机器人是怎样通过一张脸就知道这个人是谁呢？

聪聪 智能机器人会按照这四个步骤来进行图像识别：图像采集→图像预处理→特征提取→图像识别。也就是说，机器人先把一张脸的图像拍下来，然后抓取他的鼻子、眼睛、嘴都在哪里，再找出一些特征，比如两只眼睛的距离、鼻子的大小、嘴的形状等，然后把这些特征和这个人事先在系统中预留的人脸图片进行比对，看看特征是否匹配，从而判断这个人是不是正确的人。

美美 太棒了！这比我们人类的识别能力强多了。

图像识别技术发展得很快，如今已被广泛应用在人脸识别、智能医疗、无人驾驶等领域。小朋友们，你在生活中都见过哪些图像识别技术呢?

什么是语音识别

语音识别是让智能机器人能够听懂人类的语音，与人类进行语言交流。智能机器人用麦克风“听”声音。

聪聪 因为你没有学过这些语言，所以你听不懂。其实，无论是我们人类还是智能机器人，都需要把听到的语音先记忆下来，经过理解后才能明白其中的含意。

智能机器人对语音的记忆方式和人类是不同的，它要把收录到的声音转化成数字0和1，才能储存起来形成记忆。

美美 怎么才能让智能机器人明白呢?

聪聪 人工智能专家通过程序“告诉”智能机器人什么样的词代表什么意思，什么样的句子才是正确的句子。这个过程可以简单地理解为将一个词分成一个个基本的音标，这些音标也都转换为0和1的数据。程序就是将收录的声音与保存的声音作对比，判断我们说的是什么内容。

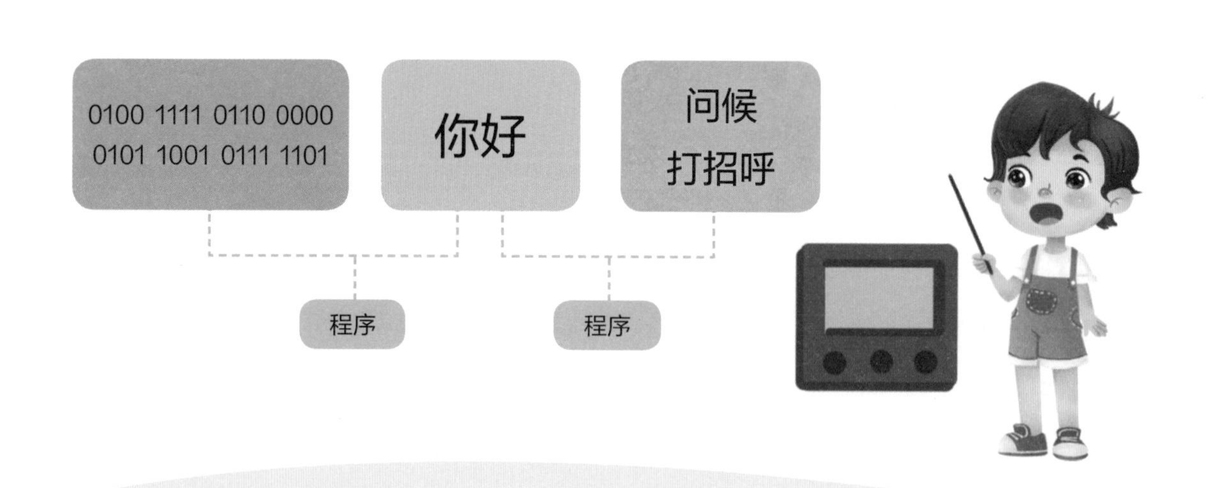

当智能机器人能够听懂人类的语音时，人类就可以直接通过语音指挥智能机器人工作了。

什么是自然语言处理

美美 可是，一个读音可以对应多个词，会有不同的意思，比如“在线”“再现”，那同样的读音，智能机器人怎么判断说话的人到底是想用哪个词呢?

聪聪 我们人类是通过长期的语言交流经验，通过前后句意来判断的。智能机器人要想做到这一点并不容易，需要在计算机内预设海量的文本，让计算机进行“学习”，了解语言习惯。

美美 原来是这样啊。

为我们服务的智能机器人

美美餐厅

现在在很多大型商场、超市或者银行的大厅中，已经出现了智能机器人，它们能够为我们提供一些指引、咨询、运送东西的服务，还可以协助工作人员做一些工作。

在智慧餐厅中，送餐的机器人可以按照铺设在地面上的导航条巡迹前进，把食物送到正确的客人面前。

送餐机器人是怎样做到准确送餐的呢?

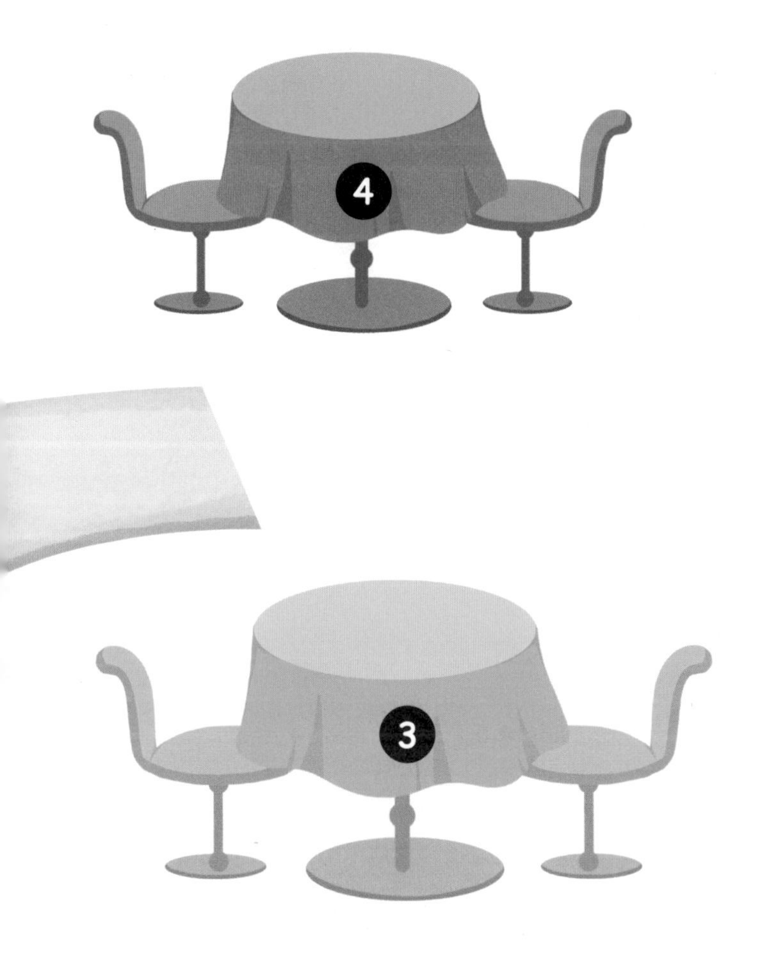

由于技术水平的限制，现在送餐机器人是根据点餐人的座位号码来识别每一个订单需要配送的位置的。比如，4号桌的客人从他桌子上的点餐器下单一个汉堡和一份薯条，后台的人类配餐员把汉堡和薯条放在一个托盘上，点击4号，送餐机器人就会巡线行走，把这个托盘送到4号桌的位置。

其实，智能机器人的工作方式和人类有比较相似的地方。人类能够用眼睛看到外面的图像，将图像信息反映在视网膜上，最终传输给大脑。经过大脑判断以后，再发送指令给四肢，做出相应的动作。

智能机器人身上装有摄像头，就像人类的眼睛一样，可以捕捉图像。图像被传送到机器人的控制器中，控制器就像人类的大脑一样，经过信息处理之后，再将动作指令发送给电机，电机则可以带动机器人运动。

当然在很多智能机器人身上还装有其他传感器，比如超声波传感器。超声波传感器可以辅助摄像头完成一些躲避障碍的任务，增加机器人的避障能力。

厉害了，我的人工智能

聪聪 这些机器人可以模拟人的某些思维和智能行为，我们把这种技术叫作人工智能。

美美 人工智能这个词听过很多次，但我还没有见过呀。

聪聪 其实，在我们生活的很多地方都有人工智能的存在。比如，小区、商场的车库门口的摄像头，它可以识别车辆的车牌号，并记录车辆的入场和出场时间；比如，苹果手机中有一个智能机器人Siri，它能够和人类进行语言交流。家里的扫地机器人也是人工智能的一种应用哦。

美美 好神奇，它们是怎么完成任务的呢？

聪聪 我给你讲讲停车场的摄像头是怎么识别车辆的吧。

美美 好啊。

聪聪 以前停车场是人用纸和笔记录车牌号和车辆的入场时间、出场时间的，然后手动抬起车杆。现在，人工智能可以帮助人类完成这些工作。停车场通过车牌识别系统来识别车辆。

美美 什么是车牌识别系统？

聪聪 这是计算机视频图像识别技术在车牌识别中的一种应用。

步骤1：汽车开过来时，会遇到减速带。车速放慢，以便摄像头能够从视频或照片中提取内容。

步骤2：车辆进入视频识别区，智能一体机的摄像头会从图像中锁定汽车的车牌，使用车牌字符分割算法和光学字符识别算法，从车牌图案中提取出车牌的字母和数字。以普通的蓝色车牌为例，识别系统先把白色的字符从蓝色的背景中分离出来，再通过识别功能认出它是什么字母或数字。

步骤3：识别出来的车牌号被自动上传给系统，系统同时记录车牌号和入场时间，开始计时和计费，然后通知车杆抬起。

步骤4：当车辆出场时，摄像头会识别车牌，记录要出场的车辆，系统自动计算时间和显示收费金额。车主付款后车杆自动抬起，车辆经过感应区域后，车杆落下。

扫地机器人是怎么避开障碍的

美美 家里新买了一个扫地机器人，它是怎么知道遇到家具和墙壁就变换方向的呢？

聪聪 你还记得我们以前使用Scratch3.0软件编辑了一款扫地机器人游戏吗？其实真正的扫地机器人和我们以前编辑过的游戏有相似之处，真正的扫地机器人也有一种和“如果–碰到舞台边缘–那么–移到随机位置”相似的编程系统在它的“大脑”里面哦。它的“舞台边缘”就是我们家里的墙壁和家具。

美美 它也是使用Scratch3.0编写的程序吗？

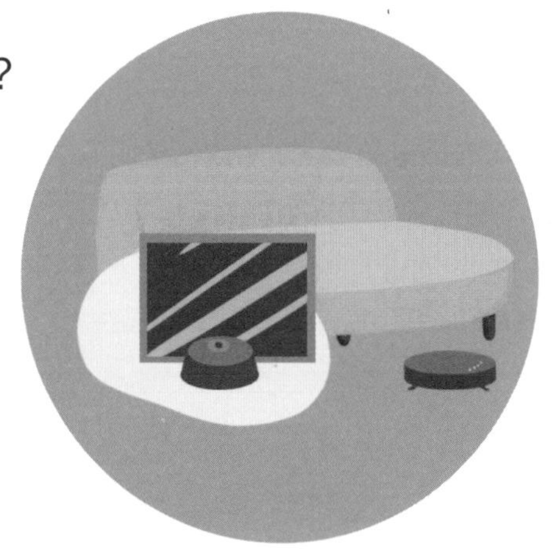

聪聪 那倒不是哦，真正的扫地机器人使用的程序要复杂得多，而且，高端的扫地机器人还能“看到”我们家的环境，在不撞到东西的情况下就能够变换方向。

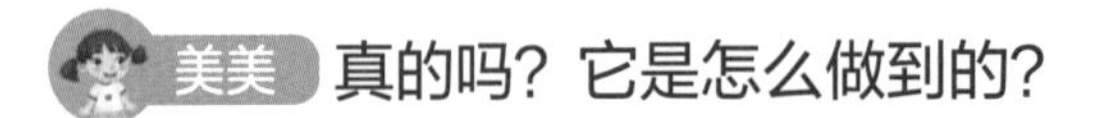

美美 真的吗？它是怎么做到的？

聪聪 扫地机器人的避障方式也在不断进步。现在，很多扫地机器人都会选择激光雷达作为扫地机器人检测障碍物的传感器。

美美 激光雷达？那它怎么工作呢？

聪聪 激光雷达的工作原理简单来讲就是，由激光器发射脉冲激光，激光碰到障碍物时引起散射，一部分光波会反射到激光雷达的接收器上。根据激光测距原理计算后，就可以得到从激光雷达到目标点的距离了。

美美 扫地机器人就是用激光雷达扫描障碍物的吗？

聪聪 是的。扫地机器人有一套激光雷达视觉系统，扫描周围的障碍物。它看我们家的次数越多，它就越能构建出我们家的地图，慢慢地，它就记住了我们家长什么样子，从哪个路线走可以既不撞到墙壁和家具，同时又能清扫全部的地面。这也是它“自主学习”的过程哦。

美美 好厉害，它像有生命一样！

阿尔法狗围棋大战

美美 阿尔法狗是一只小狗的名字吗?

聪聪 它可不是一只普通的“小狗”哦，它的名字叫AlphaGo，你知道它有什么特殊的本领吗?

美美 不知道。

聪聪 它很会下围棋。2016年，阿尔法狗曾经和人类围棋世界冠军进行了几场围棋比赛，最终以4∶1的比分战胜了世界围棋冠军李世石。

我也可以不睡觉学下棋

阿尔法狗是怎么学会下棋的呢

阿尔法狗其实也像人类一样，需要借助棋谱进行学习。开发人员会将棋谱转化成阿尔法狗能够识别的“语言”。阿尔法狗可以借助棋谱进行自我训练，而且它还不知疲倦，可以进行一天24小时的高效学习。人类需要时间休息，而阿尔法狗却能够利用全部的时间提升自己，因此它的学习时间要远远大于人类。

阿尔法狗有一个聪明的“大脑”，它是由两个神经网络构成的。第一个网络可以观察棋盘布局，判断人类可能的落子位置

第二个网络预测自己落子后的获胜概率。两个网络结合得到最佳落子点。这也是阿尔法狗能够战胜人类的世界围棋冠军的“秘密”

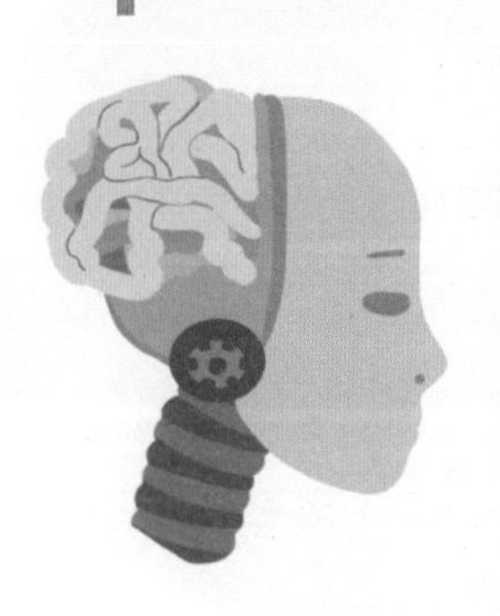

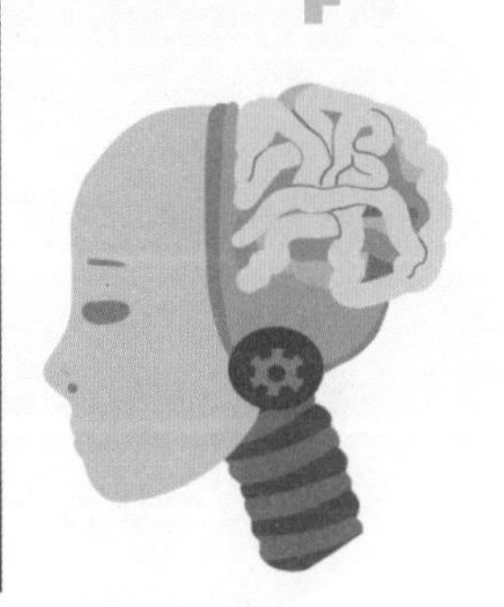

人类的大脑在思考落子方式时主要依靠经验和直觉，很难想到所有落子的可能性以及每个落子带来的后面多步的后果。而阿尔法狗可以预测到所有可能，并分析每个可能落子位置以后很多步的结果，所以人类大脑想战胜它是非常困难的。

什么是人工神经网络

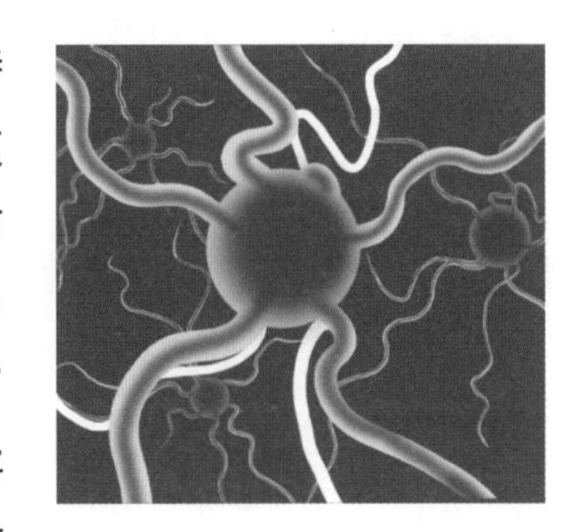

人工神经网络是一种模仿人脑神经网络行为特征，进行分布式并行信息处理的算法数学模型。这种网络依靠系统的复杂程度，通过调整内部大量节点之间相互连接的关系，从而达到处理信息的目的。人工神经网络中含有若干层，由这些层构成了一个网络。每一层都会对信息进行处理加工，并将结果输出给下一层。经过训练的人工神经网络，可以完成图像识别、语音识别等人工智能任务。

美美 可是，它是怎么做到能想这么多步骤的呢？

聪聪 一开始，计算机科学家们给阿尔法狗输入了数百万人类围棋专家的棋谱，给了阿尔法狗自我训练的能力。这就好比让一个学生先读了几百万本书，然后他还能时时刻刻地学习和进步一样，所有的“题型”他都见到过，且都烂熟于心，所以看到第一步就能想到所有步骤，就这样变成了“学霸”。

美美 那么，阿尔法狗成为“学霸”以后，它要向哪个老师学习呢？

聪聪 它更厉害的地方还在于，它可以摒弃人类棋谱，只靠计算机自身深度学习的方式成长，让自己成为自己的老师，通过自身对弈，总结经验教训，不断调整下棋方式，让自己变得更强大。

组装自己的无人机

聪聪 美美，我今天买了一个新玩具，你见过这种飞机吗？

美美 这个也是飞机吗？我坐过的飞机都是两个翅膀呀！

聪聪 哈哈，这种飞机叫四旋翼无人机。无人机顾名思义就是没有人驾驶的飞机。无人机有很多种，我们生活中能接触到的就是这种大人、小朋友都可以玩的四旋翼无人机。

美美 没有人驾驶？那它是怎么飞起来的呢？

聪聪 我们使用遥控器来控制它。而且，它不是普通的遥控飞机玩具哦，它可以做很多神奇的事情呢，比如说拍照！

美美 这么厉害啊！

聪聪 是啊！我们先看看它的构造吧。

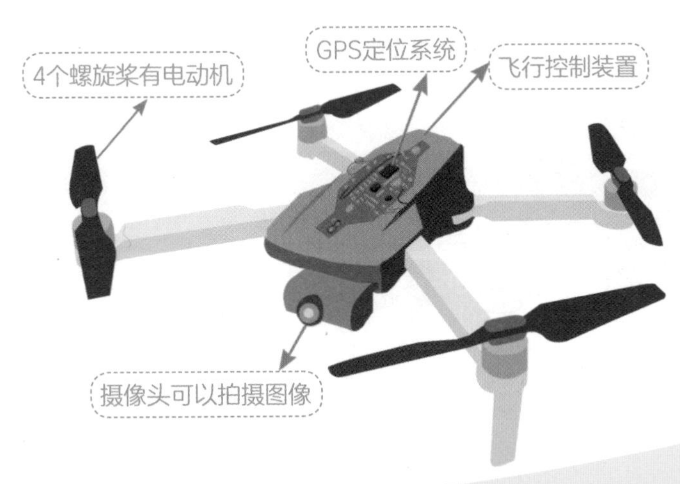

聪聪 你想不想知道这样的无人机都是由哪些材料组装而成的呢？

美美 想啊，哥哥，你快点告诉我吧！

聪聪 好啊，我给你讲一讲啊。

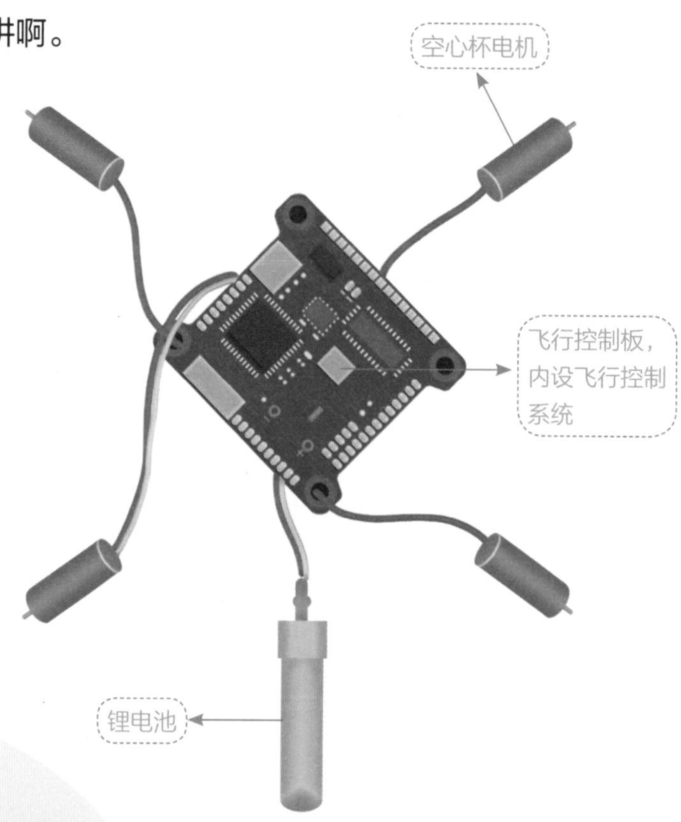

步骤1： 这就是无人机的动力以及控制部分，主要包括4个空心杯电机、锂电池、飞行控制系统。组装的过程主要是将这些零散的材料连接在无人机的机架上。

步骤2： 将电机固定在机架上，并按照事先开好的槽走线。

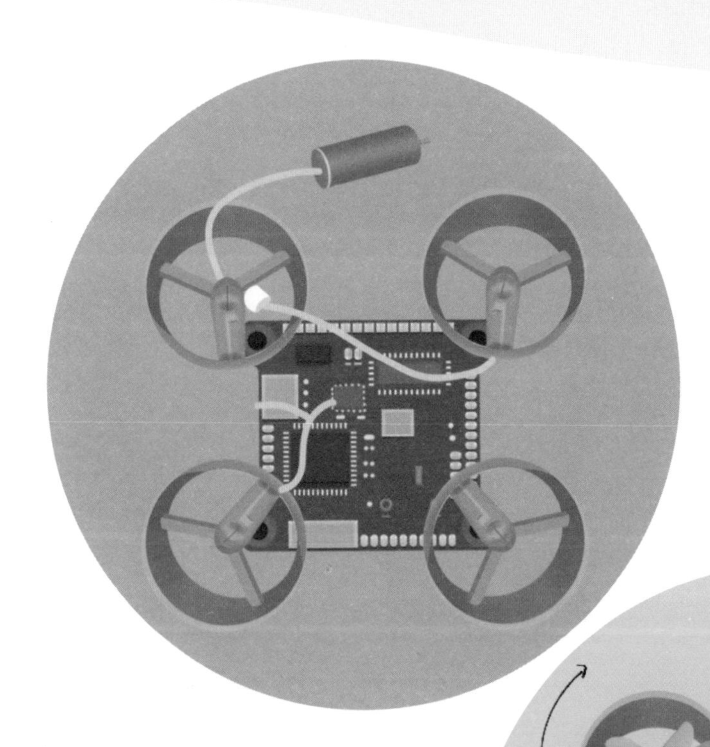

步骤3： 将飞行控制板放置在机架上，并用螺丝拧紧。

步骤4： 再将螺旋桨与电机连接好。

注意螺旋桨的方向哦

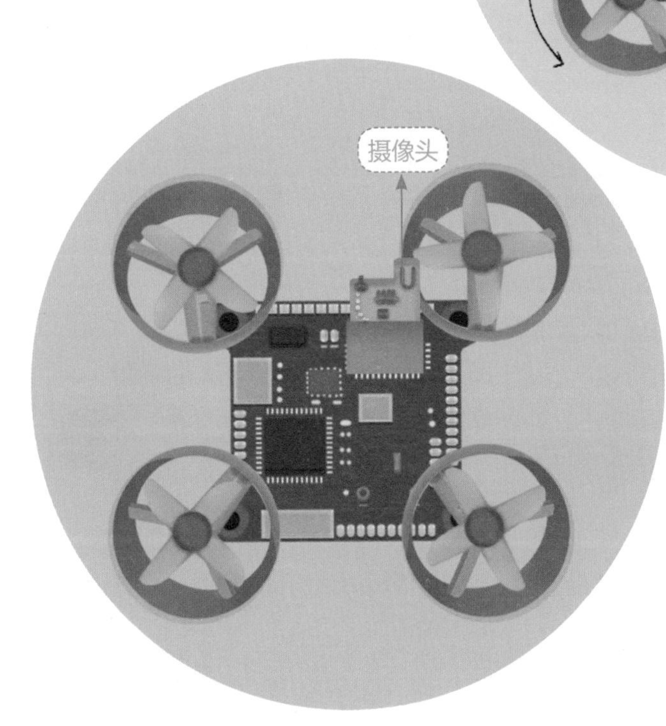

步骤5： 最后将摄像头与无人机连接，这样一架自制的简易无人机就组装好了。

无人机叫你收快递

美美 快看，那是鸟还是飞机？

聪聪 都不是，是快递。无人机不仅能拍摄视频和照片，还能送货呢！想象一下，你的快递将由无人机直接配送到家门口。这样的无人机，听起来是不是很像哈利·波特的猫头鹰。

美美 哈哈，就像空中的送餐机器人一样。

聪聪 是的，它利用GPS定位系统，可以准确地降落在收货人的面前。

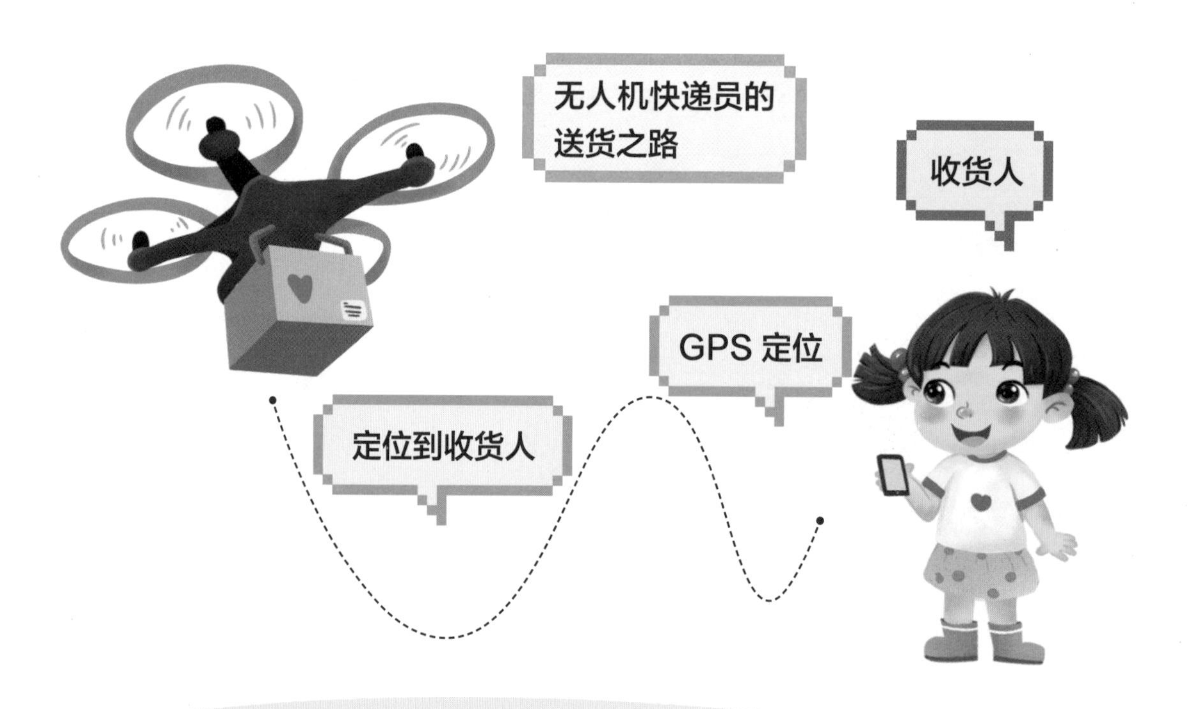

美美 无人机有飞行限制吗?

聪聪 无人机如果要商用，飞行安全至关重要。各国的规定不同，但有一点一样：无人机的飞行高度不应高于120m，且必须避开机场附近的“禁航区”。

美美 可是，哥哥，我还有好多无人机送货的问题。

聪聪 哪些问题呢?

无人机怎么升空并运送货物

运送快递的无人机一般是多旋翼无人机，可以垂直起降，能够更加方便地完成任务。看过多旋翼无人机的小朋友都知道，无人机在起飞时，它的旋翼会快速旋转，从而产生足够的上升力使自己起飞。只要控制好旋翼的转速，无人机还可以悬停在空中。

无人机的送货速度将有多快

无人机的飞行速度会受到很多因素的影响，比如无人机的自重、装载物品的重量、电机的扭矩等。一般来说，无人机的飞行速度可以控制在20～70km/h。而且无人机在空中飞行时，还可以不受“堵车”的影响，工作效率还是很高的。

无人机会创造新的快递形式吗

无人机运送快递，是一种新的物流模式，它可以减轻人类快递员的工作量，实现更加高效的物流运输。但是目前这种模式还没有完全普及，需要国家出台一系列相关法律和政策才能保证无人机运送快递的顺利实施。

神奇的可穿戴设备

美美 哥哥，我迷路了，怎么办呢？

聪聪 别着急，你看看周围有什么建筑。

美美 我不认识呀。

聪聪 不要担心，我有办法找到你，等着我呀。

10分钟后，聪聪找到了美美。

美美 哥哥，你是怎么找到我的呢？

聪聪 还记得我给你的手表吗？

美美 这个手表？它有什么特殊的功能吗？

聪聪 你看，这个手表上面有定位功能，我能通过手表的定位找到你。

美美 它是怎么定位我的位置的？

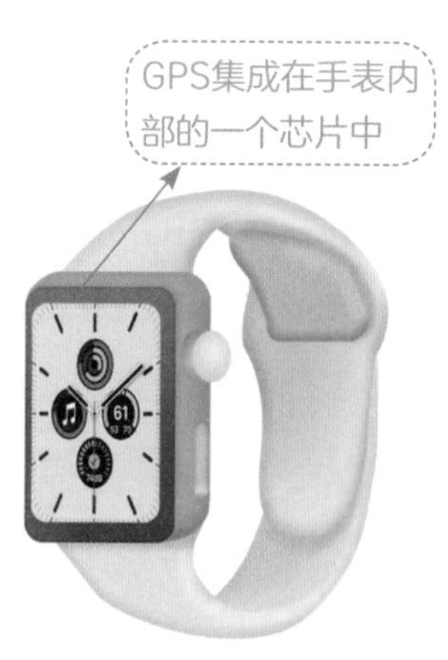

聪聪 这是一种智能可穿戴设备，里面有GPS定位系统，可以实时地报告你所在的位置。

聪聪 有的智能手表还可以测血压，能够记录行走的步数。

美美 它是怎么检测到人的血压的?

聪聪 手表下表面有一个血压传感器，当人们把手表戴在手腕上时，传感器就可以检测出血压。

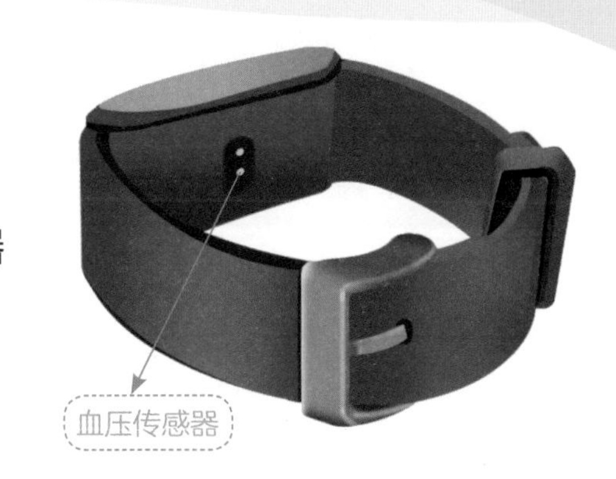

美美 记录步数是怎么回事?

聪聪 在手表里面内置姿态传感器，可以检测人在行走时的手臂摆动和速度变化，通过一定的算法，就可以记录人行走的步数。

聪聪 除了这些以外，还有很多智能穿戴设备可以帮助我们解放双手。

美美 那还有什么设备呢?

聪聪 看，你知道这是什么吗?

美美 这不是一副眼镜吗?

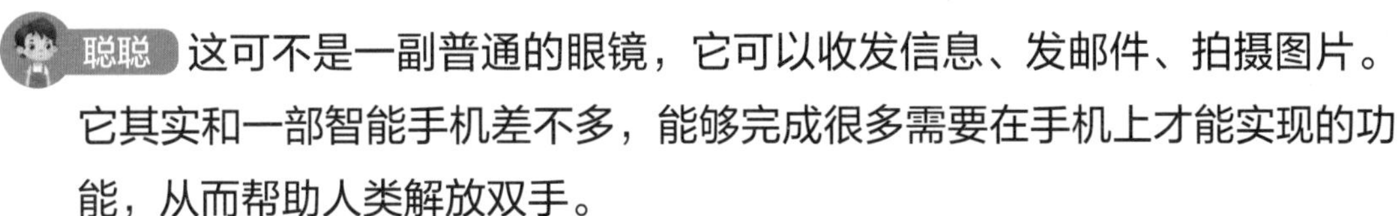

聪聪 这可不是一副普通的眼镜，它可以收发信息、发邮件、拍摄图片。它其实和一部智能手机差不多，能够完成很多需要在手机上才能实现的功能，从而帮助人类解放双手。

聪聪 看，这个拳击手套内部藏有多个传感器，当拳击选手进行训练或者比赛的时候，传感器会实时采集数据，并发送给手机，为选手提供更加合理的出拳策略。

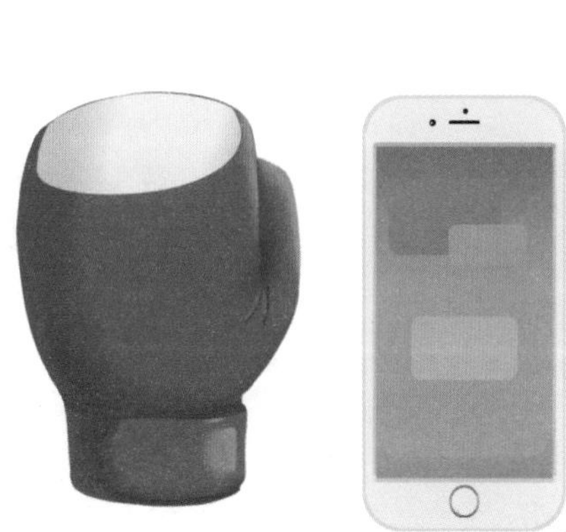

从乐高积木到EV3

聪聪 美美，你玩过乐高积木吗？

美美 玩过呀，就是我小时候喜欢玩的搭建房子的积木。

聪聪 没错。小时候你玩的积木是单纯的拼搭组合。更高级别的乐高积木中，会使用一些电子元件，使用电机和传感器来组成一个会动的装置，比如机械手臂。

美美 这么神奇呀。

聪聪 是啊。我们可以选择不同长度的梁和销完成分拣机械手臂的搭建，再将手臂连接在电机上，这样就可以帮助我们完成一些分拣的工作了。

美美 我想自己搭建一个这样的分拣机器人，你能告诉我怎么搭建吗？

聪聪 当然可以啊！无论搭建什么样的模型，都要用到乐高积木里面的基本零件，也就是梁、销、轴等。

美美 这些零件都要怎么使用呢？

聪聪 哈哈，这个你可问对人了，我来给你讲一讲啊。梁是带有孔的积木，有直梁、弯梁、方梁等不同种类。梁一般用作机器人或者机械结构的框架，起到一定的支撑作用。

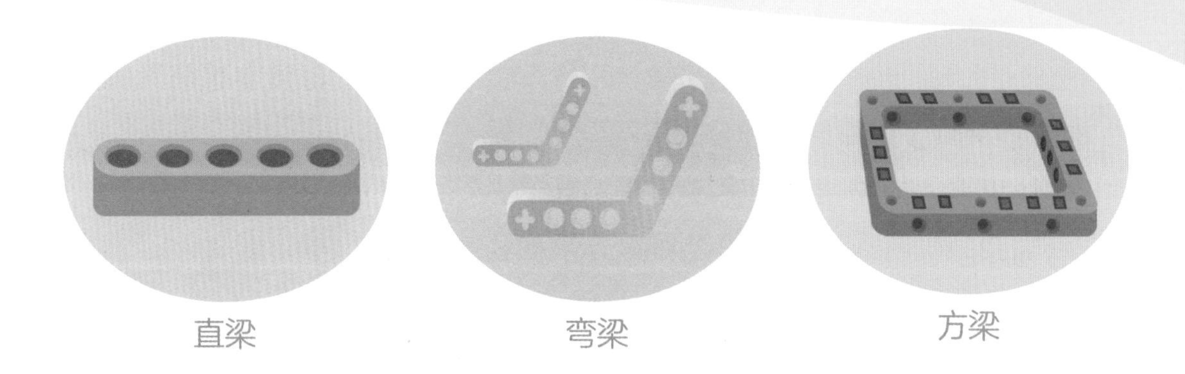

直梁　　弯梁　　方梁

销就像我们生活中常见的螺丝与螺母一样，可以起到连接梁和其他零件的作用。

轴就比较简单了，如果机器人有需要灵活转动的部分，就要选择轴了。

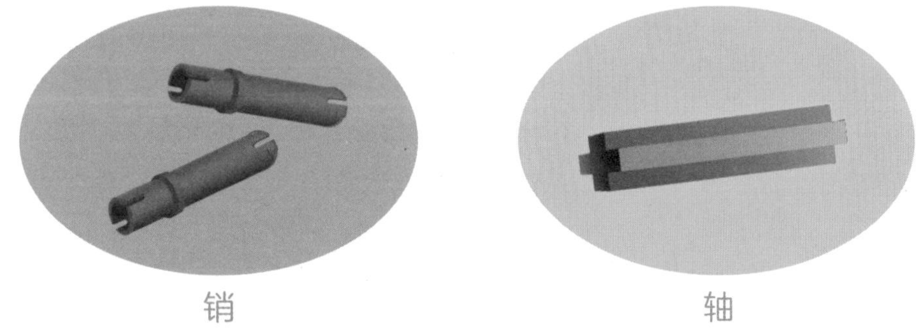

销　　轴

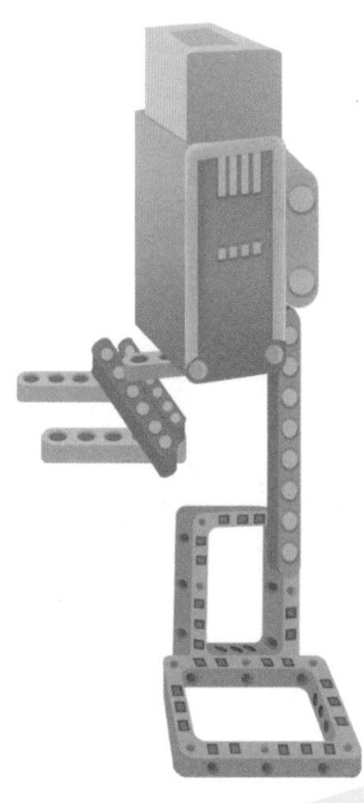

美美 哦，原来是这样啊，我明白了。

聪聪 美美，我可要考考你了，你能不能说说这个分拣机器人都用到了哪些零件呢?

美美 底座用到了方梁，支架用到了直梁，电机带动机械爪运动用到了轴，梁与梁之间的衔接用到了销。哥哥，我说得对吗?

聪聪 太棒了，完全正确，奖励你一朵小红花。

聪聪 完成了机械结构部分的搭建以后，要想让机器人能够帮我们完成分拣的任务，还需要为机器人编写程序才可以，下面我们就来看看如何为EV3机器人编写程序。

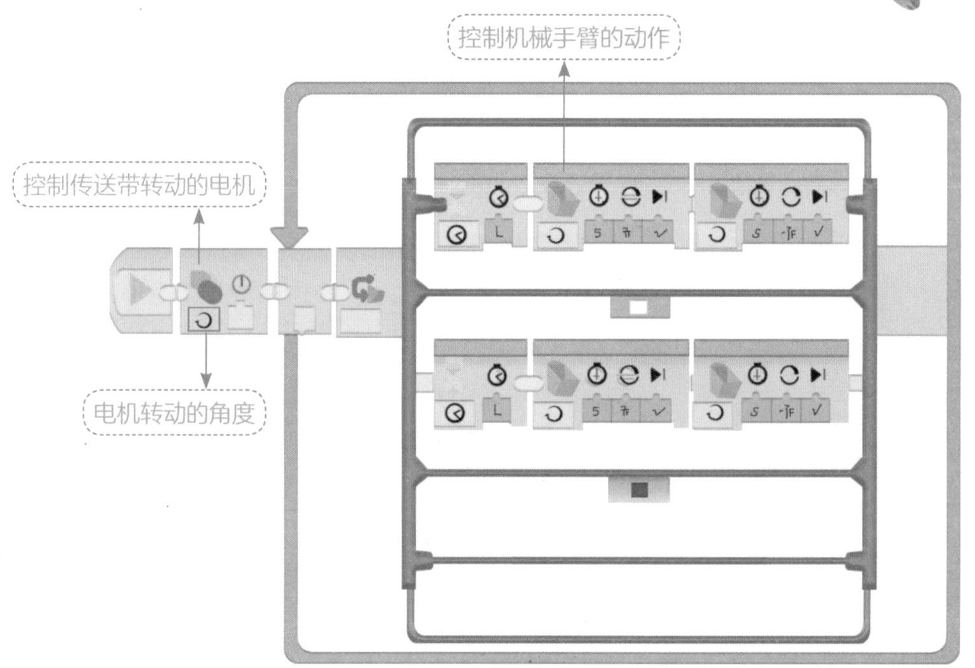

美美 哥哥，这是什么？

聪聪 上面就是一个简单的分拣机器人的程序，我们可以看到电机带动传送带转动，并要保持缓慢稳定的转动。接下来的程序就是进行分拣了，颜色传感器会将不同颜色的物体信息发送给控制器，控制器根据“蓝色、绿色、黑色”等不同颜色的物体控制机械手臂完成不同的分拣动作。例如，当遇到绿色物体时，手臂会向左转动，把绿色物体都分拣到左侧，而当遇到蓝色物体时，手臂会向右转动，从而把蓝色物体都分拣到右侧。

聪聪 看，这就是一个用乐高EV3搭建的智能分拣机器人，机器人能够通过颜色传感器完成颜色的识别，在程序的控制下，通过机械手臂将特定颜色的物体分拣出去，从而实现智能分拣。

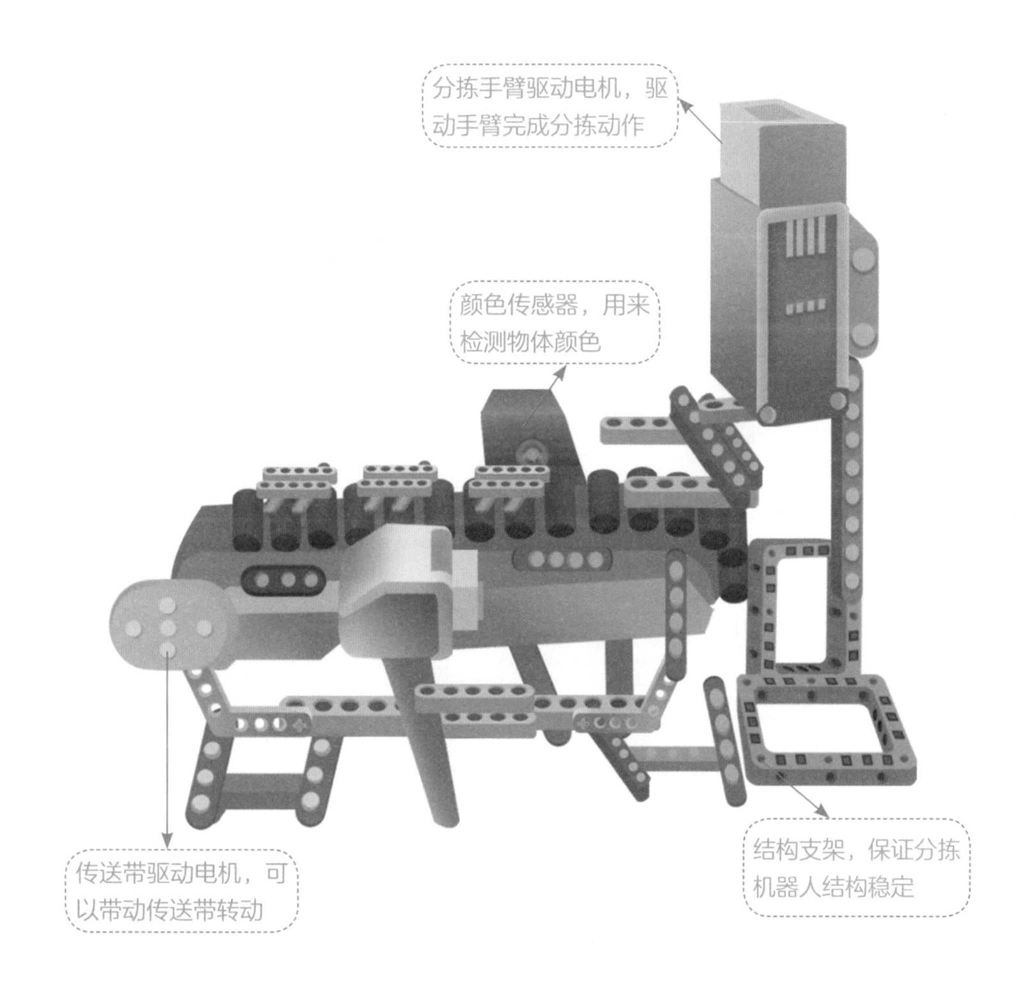

美美 真好玩！哥哥，你教我搭一个智能分拣机器人吧。

聪聪 好啊。

机器人是如何巡线的

聪聪 机器人巡线是机器人训练中一项非常常见的任务。巡线就是通过程序控制机器人按照黑线的轨迹前进，可以采用单光电传感器和多光电传感器这两种不同的形式。

美美 光电传感器是什么？

聪聪 光电传感器就像机器人的眼睛一样，可以看到不同颜色的场地图纸。随着人工智能技术的不断发展与成熟，也有很多机器人采用视觉（摄像头）的方式进行巡线，增加巡线的准确率。

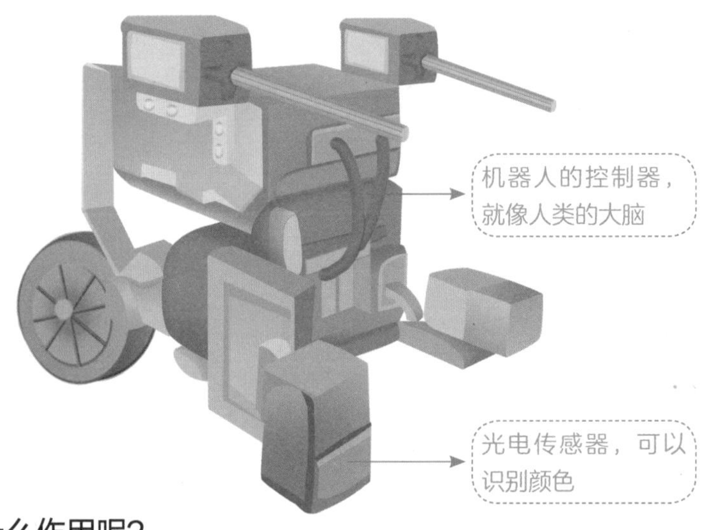

美美 巡线有什么作用呢？

聪聪 巡线的作用就是让机器人按照相应的轨迹前进，就像有轨电车一样。黑色的线就是机器人运行的“轨道”。按照轨道前进，机器人就可以准确地从一个位置移动到另外一个位置。有了轨迹的引导，机器人行进的误差也会大大减小，保证了机器人运行轨迹的正确性。

美美 什么样的线最好呢？

聪聪 巡线场地中，最好采用白色背景和黑色线条，这两种颜色反差极大，机器人能够更加准确地完成巡线任务。当然，贴线一定要紧贴地面，这样机器人才不会被卡住哦。

美美 巡线是在比什么呢？

聪聪 巡线任务中，需要通过程序、算法等的控制和配合，让机器人能够尽量流畅地完成巡线任务。在机器人运行过程中，如果出现机器人摆动幅度过大，则需要进一步调整程序。

我也可以沿着线跑

美美 哥哥，那怎么巡线最好呢？

聪聪 机器人能够按照黑线的轨迹流畅、快速地前进，这就是一个好的巡线标准。要想让机器人能够更好地巡线，可以从程序和硬件两部分入手。硬件方面可以选择精度更高、数量更多的传感器。例如，使用四个巡线传感器的机器人在巡线稳定性上会优于使用两个的。当然，在程序算法方面，效率更高的算法会让机器人运行更加流畅。

用Python控制机器人

聪聪 Python是一种跨平台的编程语言，可以在很多操作系统中运行。只要稍微对Python语言进行一点改进，它就能够控制机器人了。

聪聪 不过，要想用Python控制机器人还需要一定的硬件来支撑。机器人是一个比较复杂的系统，单有程序是不够的，还需要控制器、电机、传感器等输入输出设备的配合。主流的一些控制器，像micro:bit、树莓派、掌控版等都可以用Python语言进行控制。

美美 怎么把我在电脑中编写好的代码“告诉”硬件呢?

聪聪 我们可以将完成的程序通过计算机下载到控制器中，这样就可以控制硬件了。下面我们以一款micro:bit控制器为例，介绍一下Python语言对机器人的控制。

步骤1： 将micro:bit连接到电脑。使用micro USB数据线将micro:bit与电脑连接。你的micro:bit会在“我的电脑”上以“MICROBIT”的名称显示出来，不过要注意，它并不是一个普通的U盘哦!

步骤2： 在电脑上给它编程。可以用Python为micro:bit进行编程。

程序	程序的解释
from microbit import *	引入micro:bit库文件
import DFMotor	导入电机控制文件
M1=DFMotor(1)	定义电机
while True:	无限循环
M1.speed(200)	设置电机转动速度
M1.run(M1.CW)	设置电机转动方向
sleep(2000)	延时2秒
M1.stop()	电机停止转动
sleep(2000)	延时2秒

步骤3： 把程序下载到控制器。点击Python编辑器中的Download按钮。将程序下载到micro:bit控制器中。

聪聪 micro:bit控制器体积小、操作方便，非常适合初学者使用。在控制器中包含了多个输入输出的端口，可以与电机驱动板、传感器等相连，从而实现程序对机器人的控制。

聪聪 micro:bit控制器中还内置了蓝牙功能，我们可以通过手机的蓝牙与其相连，实现手机控制机器人的功能。下面给出了micro:bit正面和背面的示意图，你看看吧。

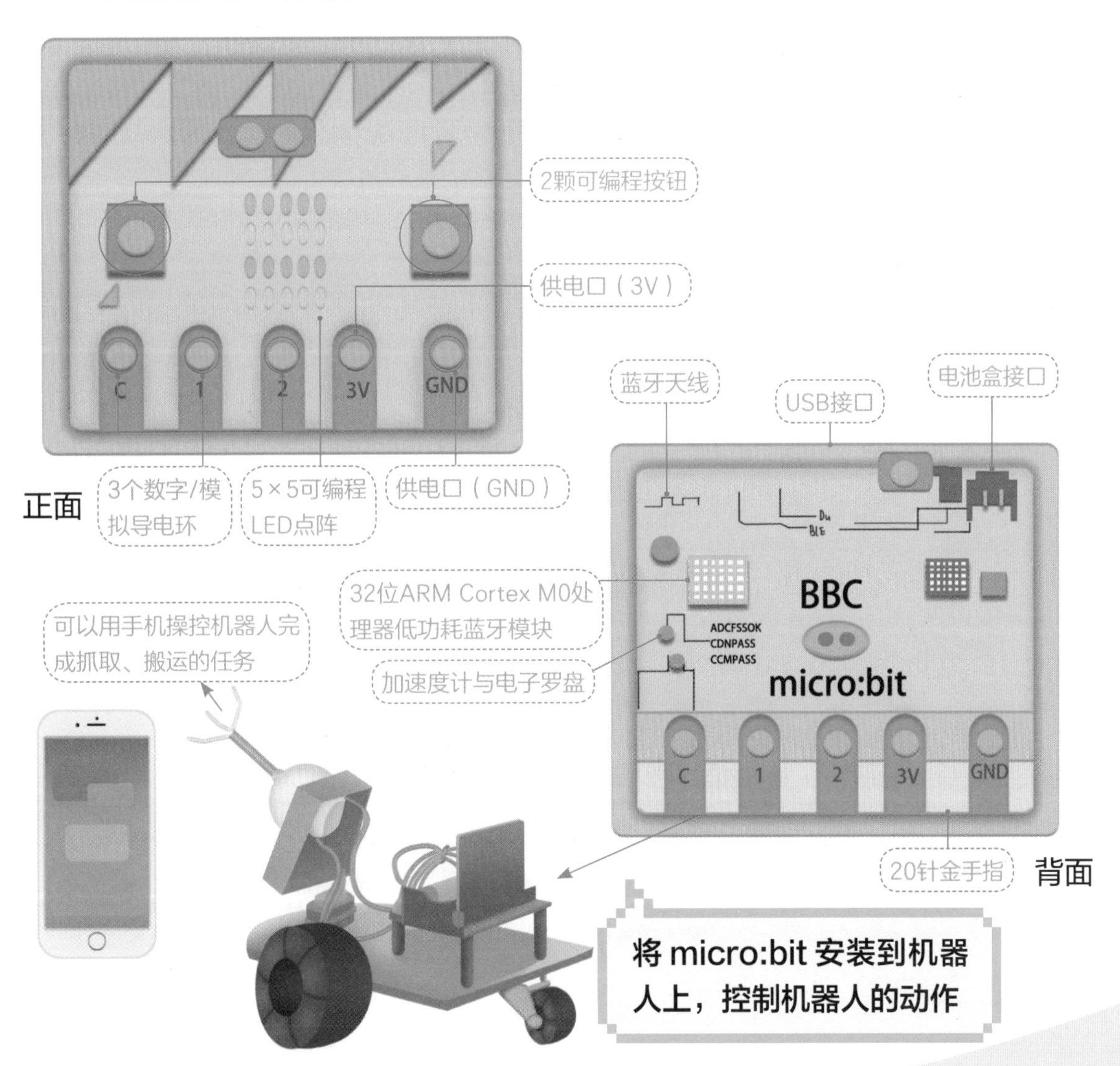

机器人大赛有哪些

美美 哥哥，你今年还去参加机器人大赛吗？

聪聪 去啊。

美美 你去参加哪个机器人大赛啊？

聪聪 保密，不告诉你。看，下面就是国内外比较重要的机器人大赛。你猜一猜，哥哥要参加的是哪个比赛？

竞赛名称	主办单位	竞赛时间	参与方式	竞赛内容
中国青少年机器人竞赛	中国科学技术协会	每年7—8月	省市选拔	机器人场地竞赛
全国中小学师生电脑作品评选活动机器人项目	中央电教馆	每年7—8月	省市选拔	机器人场地竞赛
世界机器人大赛	中国电子学会	每年7—8月	自愿报名	机器人场地竞赛
世界青少年机器人邀请赛	中国科学技术协会	每年7—8月	省市选拔	机器人场地竞赛

美美 我知道了，是中国青少年机器人竞赛。

聪聪 我给你详细讲讲中国青少年机器人竞赛和世界机器人大赛吧。

美美 好啊。

中国青少年机器人竞赛

中国青少年机器人竞赛创办于2001年，是中国科学技术协会面向全国中小学生开展的一项将知识积累、技能培养、探究性学习融为一体的普及性科技教育活动。竞赛为广大青少年机器人爱好者在电子信息、自动控制以及机器人高新科技领域进行学习、探索、研究、实践搭建成果展示和竞技交流的平台，旨在通过富有挑战性的比赛项目，将学生在课程中的多学科知识和技能融入竞赛过程中，激发学生对工程技术的学习兴趣，培养学生的创新意识、动手实践能力和团队精神，提高科学素质。

竞赛项目有：1. 机器人综合技能比赛。
2. 机器人创意比赛。
3. FLL机器人工程挑战赛。
4. VEX机器人工程挑战赛。
5. 教育机器人工程挑战赛。

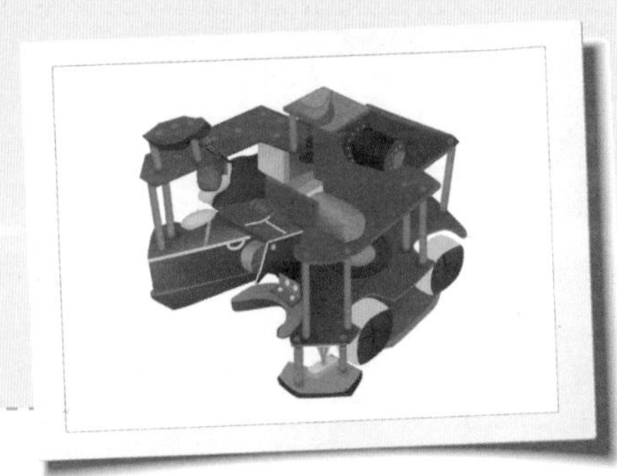

世界机器人大赛

由中国电子学会主办的世界机器人大赛被各大主流媒体广泛赞誉为机器人界的“奥林匹克”，是目前国内外影响广泛的机器人领域官方专业赛事。世界机器人大赛自2015年开始举办，至2024年初已成功举办八届。

竞赛项目有：1. 共融机器人挑战赛。
2. BCI脑控机器人大赛。
3. 青少年机器人设计大赛。
4. 机器人应用大赛。

如何参加机器人大赛

美美 哥哥，你是自己报名参加机器人大赛的吗？

聪聪 每项比赛都有自己的主办单位，组织方式也不一样。一般参加国家级比赛的项目需要先通过学校报名，经过层层选拔后，再参加省市级的选拔，由各省市选拔出优秀的项目小组成员参加全国的比赛。以中国科学技术协会主办的中国青少年机器人竞赛为例，每个省市每个组别（小学、初中、高中）只有一支参赛队可以代表各省市参加比赛。每年每个竞赛项目的内容也会发生变化。具体的竞赛规则可以在全国青少年科技创新活动服务平台上查询。

美美 哇，哥哥你好厉害，你是被选上参赛的呀。你是参加了兴趣小组才被选上的吗?

聪聪 是呀，想要参加机器人比赛的学生，一般都对机器人项目比较感兴趣，可以先加入学校的机器人社团或者相关的兴趣小组。

美美 那参加机器人比赛是不是要像哥哥你一样，懂很多知识才可以?

聪聪 嗯，既要有一定的机械结构、电子电路的知识，又要能够完成一些简单的编程任务。

美美 如果想参加机器人大赛，那要提前多久准备呢?

聪聪 一般可以从小学三年级开始学习机器人相关的知识，经过两年到三年的学习，才可以参加机器人竞赛。

美美 哥哥，你参加比赛用的这些硬件是自己买的还是学校准备的呀?

聪聪 在参加机器人竞赛前，参赛队员都要准备一些参赛的机器人设备。这些设备可以由学校为参赛队员购置，也可以由队员自己准备。

美美 一般比赛会分为几种类型呀?

聪聪 根据规则，一般分为主观答辩类型的竞赛和客观场地赛，竞赛主要考查参赛队员对机器人知识的掌握，临场发现问题和解决问题的能力。在竞赛现场，机器人可能会出现各种技术问题，参赛队员要能够利用自己的知识储备在短时间内解决问题，保证机器人能够顺利完成各项竞赛任务。

竞赛机器人长什么样

聪聪 青少年机器人竞赛是很多学生都乐于参与的一项科技活动。不同的比赛内容所使用的机器人也不一样，有轮式的机器人，也有腿式的机器人。形形色色的机器人在场地中能够完成各种任务。

美美 它们是什么样的？

聪聪 我们来看几款可以参加机器人竞赛的机器人吧。

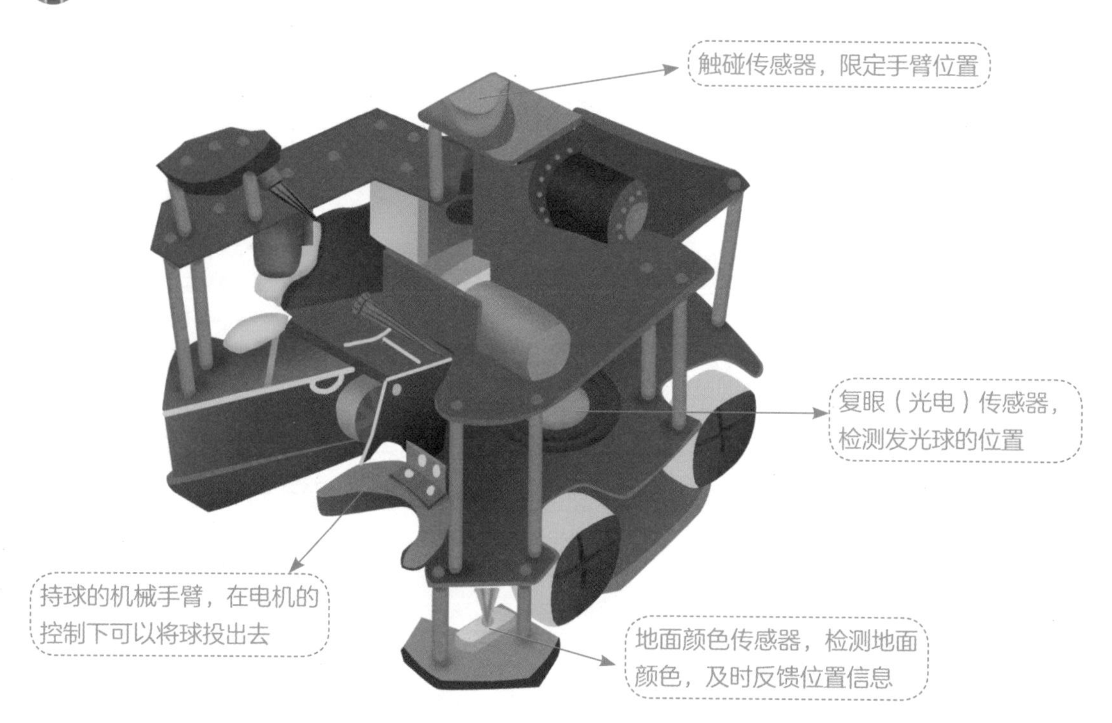

上图是一个会“投篮”的轮式机器人，比赛中一般是两个同学一组，参加竞赛。机器人在程序的控制下可以自主寻找发光球，经过定位以后，将球投入指定位置的篮筐。

下图是一个轮式足球机器人。这款机器人移动速度快，转向灵活。机器人选用子母轮的方式可以在程序的控制下迅速移动到指定位置。

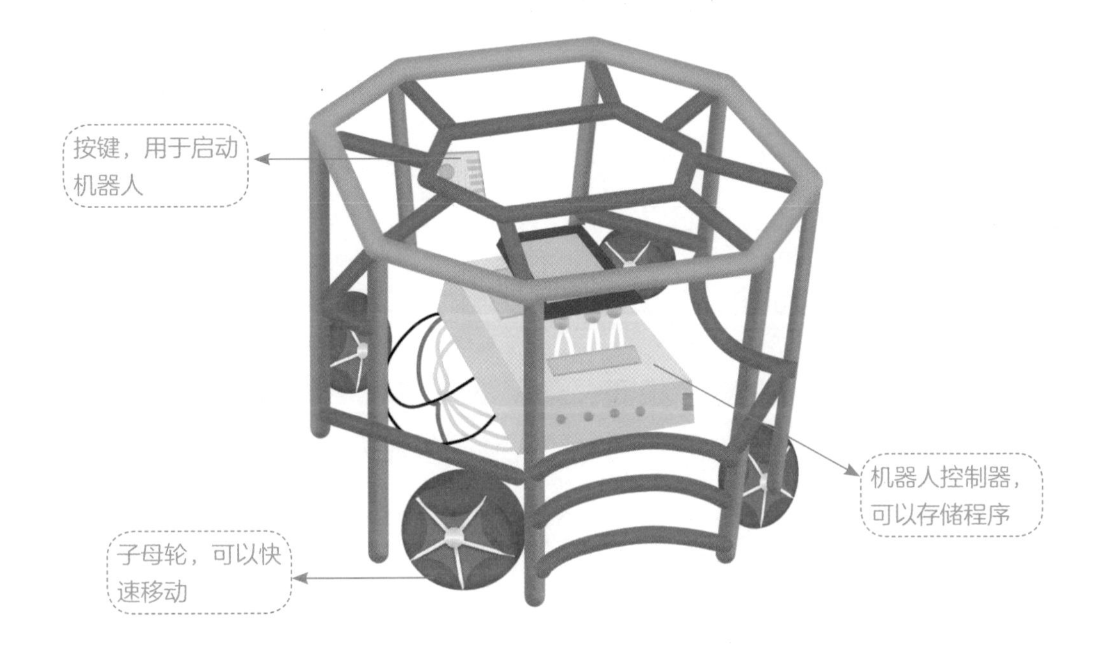

下图是用一些金属零件和电子元器件搭建的机器人，可以参加VEX机器人工程挑战赛——一项中国青少年机器人竞赛项目。竞赛时，全国各地的参赛学生带着自己制作的机器人在一起进行竞赛比拼。每个参赛队伍由多名队员组成，大家各司其职，可以分为结构设计工程师、程序设计工程师、电路工程师、调试工程师和场上操作手等不同角色。

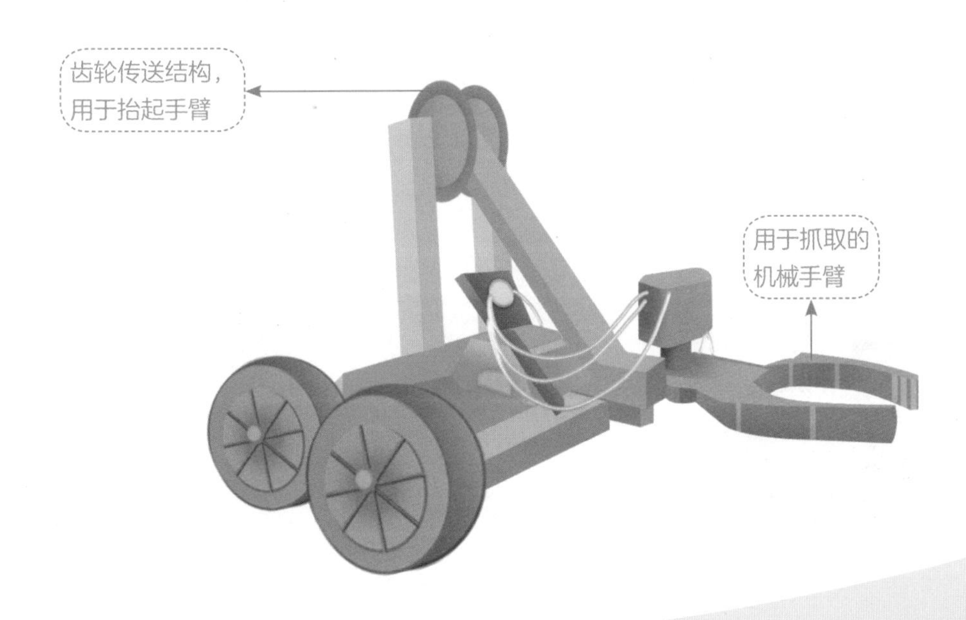

用日常物品搭建机器人

聪聪 在我们的日常生活中会产生一些废旧物品。如果我们能将它们利用好，还可以制作出很多有意思的机器人呢。

美美 我用废旧物品制作了几个机器人，当作学校的手工作业上交啦。

美美 看，我用木头搭建了机器人的“身体”。

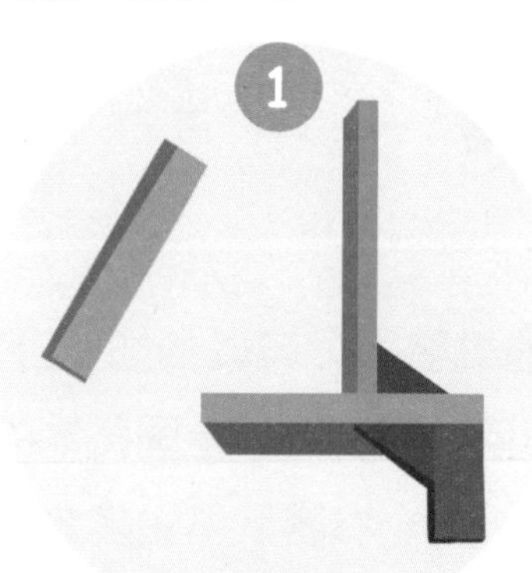

美美 然后给机器人增加驱动，让机器人可以“走”起来。

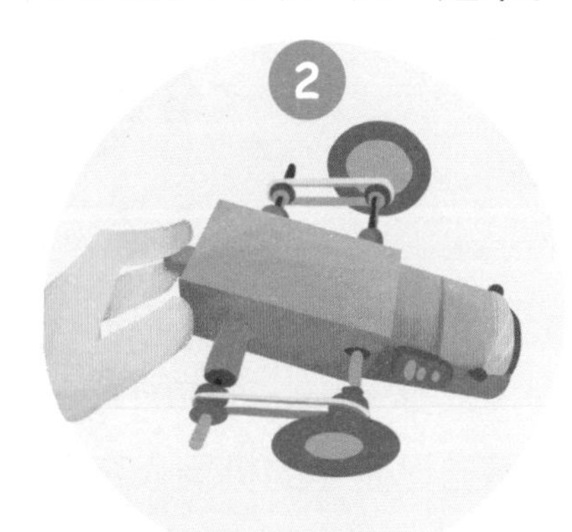

美美 把两部分组合在一起，就完成了一个移动机器人的基本结构。

美美 最后把易拉罐当作机器人底座用皮筋捆在一起，这个机器人就搭好了。你也试试在家里找一些废旧物品搭建一个机器人吧！

创意机器人的设计与制作

聪聪 美美，在机器人比赛中有一个非常能体现参赛者创意的项目，叫作机器人创意。

美美 这是比赛中要完成的项目吗?

聪聪 不是，机器人创意项目需要在参赛前完成一个符合主题的机器人作品。

美美 哦，那么要想完成一个机器人创意作品需要经历哪些环节呢?

聪聪 简单来讲可以分为“说、写、画、做”。

说

每年机器人创意比赛都会设计不同的竞赛主题，比如“我的学习小助手”“聪明的机器人”等。所以，第一步，参赛者需要根据组委会发布的主题与同伴或者老师讨论确定项目主题，也就是明确项目选题。建议大家在讨论过程中采用思维导图记录项目的讨论过程，留下思考和讨论的痕迹，对后续项目的改进会有所帮助。

写

经过讨论以后，初步确定了项目主题。接下来就要完成项目时间进度安排了，将项目制作的几个主要环节及完成的时间节点记录下来。这样能够保证项目的顺利完成。如果是几个同伴一起参加的集体项目，还要明确各自的分工。

画

机器人创意项目一般都会要求制作出一款实物机器人，所以在动手制作前要根据选题绘制出机器人各个部分零件的工程图。在绘制工程图的过程中，根据不同选手的年龄特点，年龄小的同学可以用手画草图，表达出自己的想法。高年级的同学可以使用画图软件在计算机上完成绘图。除此之外，还可以在计算机上面完成虚拟装配、仿真等工作，保证零件设计的准确性。

做

完成了图纸的绘制，我们就可以将零件加工出来了。在加工过程中，一般会选择3D打印机、激光切割机、数控机床等设备协助大家完成加工。零件加工完以后，就可以开始组装机器人了，按照设计好的装配流程完成组装。最后，将事先编好的程序下载到控制器中，完成调试，这样一款机器人就制作完成了。